水利水电

工程施工技术研究

高明强　曾　政　王　波◎编著

延边大学出版社

图书在版编目(CIP)数据

水利水电工程施工技术研究 / 高明强, 曾政, 王波
编著. -- 延吉：延边大学出版社, 2019.5
ISBN 978-7-5688-6804-4

Ⅰ.①水… Ⅱ.①高… ②曾… ③王… Ⅲ.①水利水
电工程－工程施工－研究 Ⅳ.①TV5

中国版本图书馆CIP数据核字(2019)第093610号

水利水电工程施工技术研究

编　　著：高明强　曾政　王波
责任编辑：刘艳辉
封面设计：赵　扬
出版发行：延边大学出版社
社　　址：吉林省延吉市公园路977号　　　　邮　　编：133002
网　　址：http://www.ydcbs.com　　　　E-mail：ydcbs@ydcbs.com
电　　话：0433-2732435　　　　　　　　传　　真：0433-2732434
制　　作：山东延大兴业文化传媒有限责任公司
印　　刷：天津雅泽印刷有限公司
开　　本：787×1092　　1/16
印　　张：11.5
字　　数：180千字
版　　次：2019年5月第1版
印　　次：2019年5月第1次印刷
书　　号：ISBN 978-7-5688-6804-4

定价：65.00元

前言

Preface

　　水是国民经济的命脉,也是人类发展的命脉。水利水电建设关乎国计民生,水利水电工程是我国最重要的基础设施工程建设之一,对我国经济发展、人民日常生活都具有重要作用。

　　在我国社会经济发展的推动下,我国水利水电工程蓬勃发展,取得了一定的成就。随着我国人民生活水平的不断提高,对水利水电工程的建设也提出了新的要求。为适应时代背景下的水利水电工程发展要求,实现水利水电工程的现代化,必须确保水利水电工程的质量符合标准。

　　为了全面实现对水利资源的充分利用,以在缓解能源资源危机的基础上,实现我国经济的可持续发展,国家加大了对水利水电工程项目的投入力度,进而使得相应的工程施工项目逐渐增多。在此背景下,为了全面确保这一工程的施工质量,就需要科学且合理地实现对基础施工技术的应用,以在满足水利水电工程施工实际要求的基础上,确保水利水电工程能够造福于社会,实现自身综合效益的发挥。

　　技术创新是水利水电工程施工永恒的主题,新技术的推广和应用,能够为施工技术的进一步创新提供有价值的参考资料,对水利水电施工行业的发展具有十分重要的意义。

　　要创新水利水电工程施工技术,对水利水电工程中所采用的的施工技术进行详细的分析,以规范施工技术的操作和应用,从而发挥施工技术的重要作用,提高水利水电工程的施工质量。有效的水利水电施工技术,能推动我国水利水电工程事业的发展,加快水利水电工程的建设步伐。

本书在注重基础知识的同时,结合水利水电工程施工的实际,在编写过程中突出实用性,力求为水利水电工程施工技术人才的培养起到推动作用。

「目录」

Contents ●━━━━━━━━━━━━━

第一章　水利水电工程概述

第一节　水利事业

为了充分利用水资源,研究自然界的水资源,对河流进行控制和改造,采取工程措施合理使用和调配水资源,以达到兴利除害的各部门从事的事业统称为水利事业。水利水电工程是以水力发电为主的水利事业。

水利事业的根本任务是除水害和兴水利。除水害主要是防止洪水泛滥和旱涝成灾;兴水利则是从多方面利用水资源为人类服务。主要措施包括:兴建水库,加同堤防,整治河道、增设防洪道,利用洼地湖泊蓄洪,修建提水泵站及配套的输水渠道和隧洞。

水利事业的效益主要有防洪、农田水利、水力发电、工业及生活供水、排水、航运、水产、旅游等。

一、防洪

洪水造成的危害,轻者会毁坏良田,重者造成工业停产、农业绝收,甚至使人员生命财产受到威胁。水害发生往往是大面积的。由于目前的水文预报还远未尽如人意,因此,防洪往往是水利事业的头等大事。

防洪是指根据洪水规律与洪灾特点,研究并采取各种对策和措施,以防止或减轻洪水灾害,保障社会经济发展的水利工作。其基本工作内容有防洪规划、防洪建设、防洪工程的管理和运用、防汛(防凌)、洪水调度和安排、灾后恢复重建等。防洪措施包括工程措施和非工程措施。防洪也是水利科学的一项重要专业学科。防止洪灾的措施主要有以下几项。

（一）增加植被、加强水土保持

在植被情况好的地方，树木、草丛可以截留和拦蓄部分雨水，减缓坡面上的水流速度，延缓洪水形成过程，从而减少洪峰流量。良好的植被能够保护地表土壤免受水流冲刷，减少坡面水土流失和河道泥沙；还能够增加土壤中的含水量，改善空气中的湿润程度。

（二）提高河槽行洪能力

由于降水量等因素的影响，河道内洪水流量有大有小，河水位有涨有落。在相对宽阔的河道中，往往会形成一些滩地。在常年多数情况下，这些河滩地无水，只有在洪水期才漫滩地行洪，河滩处水面陡然变宽。河水一旦漫滩，河道的过流能力迅速加大，有利于洪水通过。河滩地是行洪的重要通道，是防洪的安全储备，不应随意侵占。这些年来，随着城乡人口增加，人类的活动范围扩大。随着经济的发展，某些人乃至一些地方受利益驱动，随意侵占河滩地，在其上建筑临时和永久建筑物。殊不知，建筑物的存在造成了河道过水断面减小，形成人为阻止洪水的障碍，大大降低洪水的通过能力。当洪水到来时，因洪水通过困难而迫使上游水位壅高，威胁堤防安全，对防洪非常不利。

（三）提高蓄洪、滞洪能力

滞洪和蓄洪是利用水库、湖泊、洼地等完成的。特别是修建水库，是当前提高防洪能力的重要设施。水库的巨大库容，能够蓄积和滞留大量的洪水，削减下泄洪峰流量，从而减轻和消除下游河道可能发生的洪灾。

天然湖泊的广大水域在洪水过程中，能够大量的减滞、囤积洪水，降低洪水位。因此，在修建大型水库的同时，也要重视天然水域的蓄洪、滞洪作用。前些年，洞庭湖面积锐减，使之滞洪能力降低，是此地区洪水灾害频发的重要原因之一。长江流域发生全流域特大洪水后，中央做出洞庭湖和鄱阳湖实行退田还湖政策，使这些湖泊在滞洪、蓄洪方面发挥重要作用。

在河道泄洪能力不足的上游某处设置分洪区，修筑分洪闸，将超过下游河段安全泄量的部分洪水引入分洪区，以保证下游河段的安全。分洪区是滞洪非常措施。选择适当的时候向分洪区分洪,能在抗洪的关键时刻舍弃局部利益,保全大局。

二、农田水利

在全国的总用水量中,80%以上的用水量是农业用水。良好的排灌水利设施是保证农业丰收的主要措施。修建水库、堰塘、渠道、泵站等水利设施可以提高农业的生产保障,是水利事业中的重要内容。

农田水利在国外一般称为灌溉和排水。农田水利涉及水力学、土木工程学、农学、土壤学以及水文、气象、水文地质及农业经济等学科。其任务是通过工程技术措施对农业水资源进行拦蓄、调控、分配和使用,并结合农业技术措施进行改土培肥,扩大土地利用,以达到农业高产稳产的目的。农田水利与农业发展有密切的关系,农业生产的成败在很大程度上决定于农田水利事业的兴衰。[①]

三、水力发电

水能资源由太阳能转变而来,是以位能、压能、动能等形式存在于水体中的能量资源,亦称水力资源。广义的水能资源包括河流落差水能、海洋潮汐水能、波浪水能、海洋潮流水能、盐差能和深海温差能源。狭义的水能资源指主要河流水能资源。水在自然界周而复始地循环,从这种意义上而言,水能资源是一种取之不尽,用之不竭的能源。同时,水能是一种清洁能源。水能相对于石油、煤炭等不可再生、易产生污染的化石能源,具有不可比拟的优势。

水力发电就是利用蓄藏在江河、湖泊、海洋的水能发电。现代技术主要是利用大坝拦蓄水流,形成水库,抬高水位,依靠落差产生的位能发电。水力发电不消耗水量,没有污染,清洁,运行成本低,是优先考虑发展的能源。

四、给水和排水

工业和民用供水要求供水质量好,供水保证率高。修建水库等储水供水设施可提高供水保证率和供水质量。

[①]司兆乐. 水利水电枢纽施工技术[M]. 北京:中国水利水电出版社,2002.

生活和工业污水排放是城市市政建设和工业设施的一部分。当前，污水排放是江河污染的源头，采用一定的污水处理措施是必要的。

积水排渍工程是城市防洪工程的一部分。南水北调工程是大规模的水源工程，有东线、中线和西线三条调水线路，总投资额5000亿元人民币。此工程的规模和难度都超过三峡工程。2014年12月12日，南水北调中线正式通水；12月27日，南水北调中线一期工程北京段正式通水。2015年7月13日，南水北调中线工程建成通水后首次进入加压输水模式。2016年1月8日，南水北调东线台儿庄泵站开机运行，东线一期工程供水开始。2018年5月22日，南水北调东线一期工程累计调入山东省水量达到30亿立方米。

五、航运及水产养殖

航运表示透过水路运输和空中运输等方式来运送人或货物。一般来说，水路运输的所需时间较长，但成本较为低廉，这是空中运输与陆路运输所不能比拟的。水路运输每次航程能运送大量货物，而空运和陆运每次的负载数量则相对较少。因此，在国际贸易上，水路运输是较为普遍的运送方式。15世纪以来，航运业的蓬勃发展极大的改变了人类社会与自然景观。一方面，水利水电工程修建了拦河大坝等建筑物后，阻隔了江河水流的天然通道，隔挡了船只的航行，需要在水利水电枢纽工程中修建船闸、升船机等通航建筑物，帮助船只克服上游水位抬升造成的落差，恢复全河段的河道通航问题；另一方面，某些河段在天然情况下，或是落差大、水流急，或是河滩多、水深浅。在这些河流中，有些只能作季节性通航，有些却根本无法通航。高坝大库可以彻底解决深山峡谷的船只通航问题。在平原地区，用滚水坝、水闸等壅水建筑物来抬高河道水深，改善河道航运条件，延伸通航里程。这时，同样需要用通航建筑物使船只逐级通过这些建筑物。

修建水利工程为库区养鱼提供了广阔的水域条件。同时，水工建筑物阻碍了自然洄游鱼类的生存环境，需要用一定措施来帮助鱼类生存，如水利水电工程中鱼道、鱼闸等。

六、旅游及其他

大型水库宽阔的水域将库内一些山体包围成岛屿,形成有山有水的美丽风景,是旅游的理想去处,甚至工程自身也能成为旅游热点。库区旅游在许多地方成为旅游热点,例如,浙江省新安江水库的千岛湖,湖北长江三峡水利枢纽,湖南耒水东江水电站。

大型水利水电枢纽的建设往往可以刺激当地经济的发展,成为当地经济的支柱产业。丹江口水电站的建成,使丹江口由一个村贸小镇逐渐发展成为10余万人口的新型城市。新安江水电站建成投产后,相继创建了全新的淳安、建德等中型城市。湖北宜昌市充分利用葛洲坝工程和三峡工程建设作为发展契机,使城市的经济建设获得两次较大发展。

第二节 水利水电规划

一、水电站在电网中的作用

在一个较大供电区域内,用高压输电线路将各种不同类别的发电站(火电站、水电站、核电站、风力电站、潮汐电站等)连接在一起,统一向用户供电所构成的系统,称为电力系统,也称电网。在电力系统中,用户在某一时刻所需电力功率称为负荷。负荷在一天中是不断变化的。如图1-1所示,日负荷可以分为以下三个部分:第一,最小负荷以下部分称为基荷;第二,日平均负荷线以上部分称为峰荷;第三,基荷和峰荷之间部分称为腰荷。在电力系统中,南水电站、火电站、核电站、风力电站、潮汐电站等多种类型的发电站共同向电网供电。各种不同类型的发电站有其自身的特性,其在电力系统中的作用也各不相同。

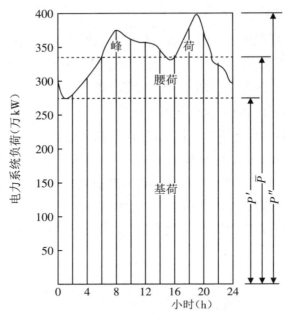

图1-1　日负荷变化图

与其他电站相比,水电站有以下几个工作特性:第一,发电能力和发电量随天然径流情况变化。河道天然来水的季节性变化和年际变化直接影响电站的出力。在枯水年,水电站可能因来水不足则难以发挥效益。第二,发电机组开停灵活、迅速。水电站机组从停机状态到满负荷运行仅需要1~2分钟,能够适应电力系统中负荷的迅速变化和周期性波动。第三,建设周期长,运行费用低廉。水电站需要修筑挡水建筑物和泄水建筑物,以提供安全稳定的水能资源。整个工程的前期资金投入大,建设周期长。水电站建成以后,所需要的水能是一种廉价的、清洁的、不断循环的能源。通过水电站发电后的水体流入下游,不消耗水量。与火电站相比,不需要燃料,也不会产生废料。水电站的运行成本大大低于火电站、核电站。

水电站这些特性决定了它在电力系统中的作用。具有较大库容的水库调节天然径流的能力强,能够将多余的水储存在水库中,供负荷增加或来水减少时使用,这种水电站在电网担任日负荷的峰荷,称为调峰电站。没有调节能力或调节能力差的水电站则担任电力系统中的基荷或腰荷。夏季,河道天然来水充足,电力系统应该充分利用廉价的水能资源发电,以避免因发电量不足而发生弃水,浪费水能资源。此时,水电站也承担部分腰荷和基荷。

水电站还可以利用其调节迅捷、方便的特点,调节电网频率,改善电力质量,这种电站称为调频电站。例如,湖北清江隔河岩水电站承担华中电网的调峰、调频任务。

二、水能利用和开发方式

水力发电是利用河流的水能发电,水电站的功能就是将这些水的机械能转变为电能。

河川径流从地势高的地方流向低处。水流流动有流速,即具有一定的动能。在自然条件下,河段间的水能消耗于水流与河道边壁的摩擦中。这个摩擦阻力将大部分水能转化为热能。河道断面不变的情况下,河道流速不变。摩擦阻力沿程消耗水的势能,在河段两断面之间产生落差。要利用这些水能资源发电,需要将天然河流中分散状态下消耗的水能集中起来加以利用。水电站筑坝建库后,水流流速接近于零,积蓄的水能集中为坝前落差。

某段河流的水能蕴藏量取决于河道流量 Q 和水位落差 H,如图 1-2 所示,1—1 断面和 2—2 断面之间的水能蕴藏量 $E=\gamma QHt=\gamma VH$,其单位时间内的功率 $P=E/T=\gamma QH$。

式中 V 为水体体积,γ 为水的容重,$\gamma=9.8kN/m^3$,Q 为河道流量,H 为两过水断面之间的落差。

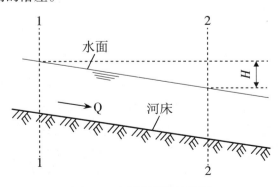

图 1-2 水能蕴藏量计算图

在水能向电能转换的过程中,存在着各种损耗。这些损耗主要包括水流通道内的漏水造成的流量损失,水轮发电机组的机械传动和旋转时摩擦产生的机械能损失,发电机和变压器的铜损、铁损,电力传输途中的线路损耗等。因此,其实际发电功率为 $P=\eta\gamma QH=AQH$。

式中 η 为发电综合效率,包括水力效率(由漏水等产生)、机械传动效率(由机械摩擦产生)、发电效率、变电效率(由变压器特性决定)、配电效率。在大中型水电站中 $A\approx 8$,小型水电站中 $A\approx 6.5\sim 7.5$。

从上式中可见,流量和落差是水力发电的两个主要因素。装机容量 P 一定时,流量 Q 与水头 H 成反比。因此,水电站在水库高水位下运行发电可以用较少的水量发出更多的电。同样,在流量较大的河道上,较小的落差也能发出较多的电力。

水能开发方式按调节流量的方式,可分为蓄水式和径流式。蓄水式水电站用较高的拦河坝形成水库,在短距离内抬高水头,集中落差发电。蓄水式水电站适用于山区水流落差大,能够形成较大水库的情况,如长江三峡水电站、雅砻江二滩水电站、汉汀丹江口水电站、清江水布垭水电站等。径流式水电站没有水库,或水库库容相对很小,落差较小,主要利用天然径流发电。径流式水电站适用于河道较平缓、河道流量较大的情况,如长江葛洲坝水电站、汉江王甫洲水电站、珠江北江飞来峡水电站等。

水能开发方式按集中落差的方式,大致可分为坝式水电站、引水式水电站和混合式水电站三种。坝式水电站是在河道上修筑大坝,截断水流,抬高水位,在靠大坝的下游建造水电站厂房,甚至用厂房直接挡水。引水式水电站一般仅修筑很低的坝,通过取水口将水引取到较远的、能够集中落差的地方修建水电站厂房。引水式水电站对上游造成的影响小,造价相对较低,为许多中小型水电站采用。混合式水电站修建有较高的拦河大坝,用水库调节水量;水电站厂房修建在坝址下游有一定距离的某处合适地方,用输水隧洞或输水管道将发电用水从水库引到水电站厂房发电。混合式水电站多用于土石坝枢纽以及建于山区性狭窄河谷的枢纽,比较典型的布置方式是拦河坝修建在岩基坚硬、河谷狭窄的地方,厂房修建在河谷出口的开阔地带。这样既能使工程量省,又便于布置,还能利用坝址至厂房间的河道落差。湖北的古洞口水电站、峡口水电站,湖南的贺龙水电站均采用这种形式。[①]

三、水库的特征水位及其库容

在河道上修筑建筑物(拦河坝、水闸),拦截水流,抬高水位而形成的水体称为水库。在水利水电工程中,水库是径流调节的主要设施。它吞吐水量,并根据发电量的大小调节下泄流量。水库的规模应根据整个河流规划情况,综合考虑政治、经济、技术、运用等因素确定。根据工程运行情况,水库具有许多特征水位。水库的主要特征水位和相应库容如图1-3所示,其中1为死水位,2为防洪限制水位,3为正常蓄水位,4为防洪高水位,5为设计洪水位,6为校核洪水位。

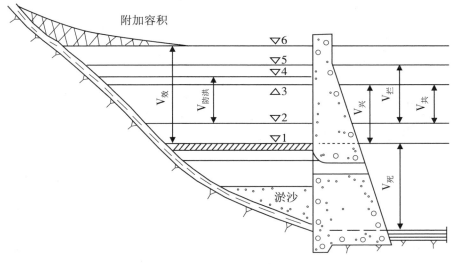

图1-3　水库特征水位及相应库容示意图

(一)正常蓄水位

正常蓄水位指设计枯水年(或枯水期)开始供水时应蓄到的水位,又称正常高水位或设计兴利水位。

正常蓄水位是水库设计中非常重要的参数,它关系到枢纽规模、投资成本、工程效益、库区淹没、生态环境、经济发展等重大问题,应该进行综

①王文川. 水利水电规划[M]. 北京:水利水电出版社,2013.

合评价后确定。

正常蓄水位是水库在正常运用时,允许长期维持的最高水位。在没有设置闸门的水库,泄水建筑物的正常蓄水位等于溢流堰顶。在梯级开发的河流上,正常蓄水位要考虑与上一级水电站的尾水位相衔接,最大限度地利用水能资源。

(二)死水位与死库容

死水位是允许库水位消落的最低水位。死水位以下的库容称为死库容 $V_{死}$,为设计所不利用。死水位以上的静库容称为有效库容 $V_{效}$。

死水位的选定与各兴利部门的利益密切相关。灌溉和给水部门一般要求死水位相对低些,可获得更多的水量。发电部门常常要求有较高的死水位,以获得较多的年发电量。有航运要求的水库,要考虑死水位时库首回水区域能够保持足够的航运水深。在多泥沙河流上,还要考虑泥沙淤积的影响。

(三)兴利库容

兴利库容 $V_{兴}$ 是正常蓄水位与死水位之间的库容,又称为调节库容,用以调节径流,提供水库的供水量。正常蓄水位与死水位之间的水库水位差称为水库消落深度。

(四)防洪限制水位

防洪限制水位是指水库在汛期允许兴利蓄水的上限水位,也称汛期限制水位。

在汛期,将水库运行水位限制在正常蓄水位以下,可以预留一部分库容,增大水库的调蓄功能。待汛期结束时,才将库水位升蓄到正常蓄水位。水库可以根据洪水特性和防洪要求,在汛期的不同时期规定出不同的防洪限制水位,更有效地发挥水库效益。防洪限制水位至正常蓄水位之间的库容称为重叠库容。

(五)防洪高水位和防洪库容

当水库的下游河道有防洪要求时,对于下游防护对象根据其重要性采用相应的防洪标准,从防洪限制水位开始,经过水库调节防洪标准洪水后,在坝前达到的最高水位,称为防洪高水位。防洪高水位与防洪限制水位之间的库容称为防洪库容 $V_{防洪}$。防洪库容与兴利库容之间的位置有以下三种结合形式。

1.不结合。防洪限制水位等于正常蓄水位,重叠库容为零。水库需要在正常蓄水位以上另外增加库容用于防洪,大坝的坝体相对较高。不结合方式的水库运行管理简单,但是不够经济,中小型工程的水库常常采用这种结合形式。不结合方式的溢洪道一般不设闸门控制泄流量。

2.完全结合。防洪高水位等于正常蓄水位,重叠库容等于防洪库容。这种形式的防洪库容完全包容在兴利库容之中,不需要加高大坝用于防洪最经济。对于汛期洪水变化规律稳定,或具有良好的水情预报系统的水库可以采用这种形式。

3.部分结合。部分结合是一般水库采用的形式,结合部分越多越经济。

(六)设计洪水位和拦洪库容

当水库遭遇到超过防洪标准的洪水时,水库的首要任务是保证大坝安全,避免发生毁灭性的灾害。这时,所有泄水建筑物不加限制地敞开下泄入库洪水。保证拦河坝安全的设计标准洪水称为设计洪水。大坝的设计洪水远大于防洪标准洪水。例如,长江三峡工程,大坝的设计洪水为1000年一遇,但而下游防洪标准在大坝建成以后也只能提高到百年一遇。从防洪限制水位开始,设计洪水经过水库的拦蓄调节以后,在水库坝前达到的最高水位称为设计洪水位。在设计洪水位下,拦河大坝仍然有足够的安全性。

设计洪水位与防洪限制水位之间的库容称为拦洪库容 $V_{拦}$。

(七)校核洪水位和总库容

在遭遇到更大的可能稀遇洪水时,拦河坝仍然要求其不会因洪水作用发生漫坝或垮塌等严重事故。水库在遭遇校核标准的洪水时,以泄洪保坝为主。大坝遭遇到校核洪水时,其安全裕量小于设计洪水。从防洪限制水位开始,水库拦蓄校核标准的洪水,经过调节下泄流量,水库在坝前达到的最高水位称为校核洪水位。

校核洪水位是水库可能达到的最高水位。校核洪水位以下的全部库容为总库容 $V_{总}$。校核洪水位与防洪限制水位之间的库容称为调洪库容。

（八）水库的动库容

上述各种库容统属于静库容。静库容是假定库内水面为水平时的库容。当水库泄洪时，由于洪水流动，水库上游部分水面受到水面坡降的影响向上抬高，直至某一断面与上游河道水面相切。水库因水流流动而导致水面上抬部分形成的库容称为附加库容。在库前同一水位下，水库的附加库容不是固定值。洪水流量越大，附加库容越大。附加库容与静库容合称为动库容。在洪水调节计算时，一般采用静库容即可满足精确度要求。在考虑上游淹没和梯级衔接时，则需要按动库容考虑。

第三节 工程地质

一、岩石的形成

（一）岩浆岩

岩浆岩又称火成岩，是岩浆侵入地壳上部或喷出地表凝固而形成的岩石。岩浆位于地壳深部和上地幔中，是以硅酸盐为主和一部分金属硫化物、氧化物、水蒸气及其挥发性物质组成的高温、高压熔融体，具有流动性。岩浆流动是地球物质运动的一种重要形式。当地壳运动出现大断裂或者岩浆的膨胀力超过了上部岩层压力时，岩浆沿断裂带或地壳薄弱地带侵入上部岩层，称为侵入运动。当岩浆喷出地表时，称为喷出作用。

主要的岩浆岩有花岗岩、花岗斑岩、流纹岩、正长岩、闪长岩、安山岩、辉长岩、辉绿岩、玄武岩、火山灰岩等。

岩浆岩可分为深成岩、浅层岩和喷出岩。由于岩石生成条件、结构、构造和矿物成分不同，其工程地质性质也不一样。

在地壳深部发生侵入作用形成的岩石称为深成岩。深成岩往往形成巨大侵入体,岩性一般较均匀,以中、粗粒结构为主,致密坚硬,孔隙很小,力学强度高,透水性弱,抗水性强。所以深成岩工程地质性质较好,常被选为良好的建筑物场地。但是,深成岩与其他岩石相比较易于风化,风化层厚度也大,作为地基或隧洞围岩时必须加以处理。

在地壳浅层处形成的岩石称为浅成岩。浅成岩矿物成分与深成岩相似,但产状、结构和构造却大不相同。浅成岩的产状多以岩床、岩脉、岩盘等形态存在,有时相互穿插,岩性不一。颗粒细小的岩石,强度高,不易风化;呈斑状结构的岩石,由于颗粒大小不均,较易风化,强度低。此外,这些小侵入体与其围岩接触的边缘部位,不但有明显流纹、流层构造,而且本身岩石性质复杂,加之地质构造因素作用,岩石破碎,节理裂隙发育。因此,风化程度严重,透水性增大,作为大型水利水电工程地基时,需进行详细的勘探和试验工作,论证工程地质性质特征。

由喷出作用形成的岩石称为喷出岩,如玄武岩、安山岩、流纹岩及火山碎屑岩等。喷出岩的结构、构造多种多样,一般而言,喷出岩的原生孔隙和节理发育,产状不规则,厚度变化较大,岩性很不均一。因此,其强度低,透水性高,抗风化能力差。但是,对于那些孔隙、节理不发育,颗粒细、致密玻璃质的喷出岩,如安山岩和流纹岩石等强度很高、抗风化能力强的岩石,仍是良好的建筑物地基和建筑材料。特别应注意的是,喷出岩多覆盖在其他岩层之上。尤其是新生代的玄武岩,常覆盖于松散沉积物和软溺岩层之上。在工程建设中,不仅要重视喷出岩的性质,而且要研究了解下伏岩层和接触带的岩石特征。

(二)沉积岩

在常温常压环境下,原先位于地表或接近地表的各种岩石受到外力(风、雨、冰、太阳、水流、波浪等)的作用,逐渐风化、剥蚀成大小不一的松散物质。大多数破碎物质在流水、风和重力的作用下搬运到河口、湖海等处。在搬运过程中,松散物进一步磨蚀变圆变小。随着搬运力减弱,被风、水所携带的物质逐渐沉积下来。沉积物具有明显的分选性,在同一地区沉积大小相近的颗粒。沉积物逐渐加厚,下部物质被上覆物质压密,脱水同结成为较坚硬的岩石。这种风化、搬运、沉积和硬结而形成的岩石称为沉积岩。沉积岩广泛分布于地表,覆盖面占陆地表面积的70%。

主要的沉积岩有砾岩、角砾岩、砂岩、泥岩、页岩、石灰岩、白云岩、泥灰岩等。

沉积岩的工程地质特征与矿物成分、胶结成岩作用以及层理和层面构造有关。尤为突出的是层理和层面构造影响较大。使岩石普遍发育有原生结构面,由于沉积物来源和沉积环境不同,岩性软弱相间,使沉积岩在垂直方向上和水平方向上,不但物质成分发生变化,而且具有明显的各向异性特征。

沉积岩分为碎屑岩、黏土岩、化学岩及生物化学岩四种类型。

碎屑岩是指由砾岩、砂岩等组成的岩类。其性质除了组成岩石的矿物影响外,最主要取决于胶结物质和胶结形式。硅质胶结的岩石,强度高,抗水性强,抗风化能力高。而钙质、石膏质和泥质胶结的岩石则相反,在水的作用下可被溶解或软化,致使岩石性质更坏。岩石为基底胶结,性质坚硬,抗水性较强,透水性弱,而接触胶结的岩石则相反。在碎屑岩中,一般粉砂质岩石比沙砾质岩石性质差,特别是钙质、泥质或石膏质结构的粉砂质岩石更为突出。如在我国南方各省出露的红色岩层,即属粉砂质岩类,岩石强度低,易风化,如夹有黏土岩层时,常被泥化形成泥化夹层,导致岩体稳定性降低。

黏土岩主要由黏土矿物组成,包括页岩和泥岩等,常与碎屑岩或石灰岩互层产出,有时成连续的厚层状。黏土岩性质软弱,强度低,易产生压缩变形,抗风化能力较低。尤其是含有高岭石、蒙脱石等矿物的黏土岩,遇水后具有膨胀、崩解等特性。所以,在水利水电工程中,不适宜作为大型建筑物的地基。作为边坡岩体,也易于发生滑动破坏。这类岩石的优点是隔水性好,在岩溶地区修建水工建筑物时,可考虑利用它作为隔水岩层(不透水层)。

在化学岩及生物化学岩中,最常见的是由碳酸盐组成的岩石,以石灰岩和白云岩分布最为广泛。多数岩石结构致密,性质坚硬,强度较高。但主要特征是具有可溶性,在水流的作用下形成溶融裂隙、溶洞、地下暗河等岩溶现象。因此,在这类岩石地区筑坝,岩溶渗漏及塌陷是主要的工程地质问题。①

(三)变质岩

当地壳运动或岩浆运动等造成物理化学环境发生改变时,原已存在的岩浆岩、沉积岩和变质岩受到高温、高压和其他化学因素作用,岩石的成分、结构和构造发生一系列变化,这样生成的新岩石称为变质岩。

主要的变质岩有片麻岩、片岩、板岩、千枚岩、石英岩、大理岩等。

变质岩的工程地质性质与变质作用及原岩的性质有关。大多数变质岩经过重结晶作用,有颗粒联结紧密,强度高,孔隙小,抗水性强,透水性弱的特点。例如,页岩经变质形成板岩,强度相应增大。多数变质岩片理、片麻理发育,沿片理方向强度低,垂直方向强度高,呈各向异性特征;且由于某些矿物成分(如黑云母、绿泥石、斜长石等)影响,使变质岩稳定性差,容易风化。由碳酸盐岩变质形成的大理岩,易溶于水,产生岩溶现象。变质岩一般年代较老,经受地质构造变动较多,因而破坏了岩石完整性、均一性。

变质岩可分为接触变质岩、动力变质岩和区域变质岩。

接触变质岩是岩浆侵入上部岩层时高温导致周围岩石产生的。与原岩比较,接触变质岩的矿物成分、结构和构造发生改变,使岩石强度比原岩高。但因侵入体的挤压,接触带附近容易发生断裂破坏,使岩石透水性增强,抗风化能力降低。所以对接触变质岩应着重研究其接触带的构造破坏问题。

动力变质岩是由构造变动形成的岩石,包括碎裂岩、压碎岩、糜棱岩、断层泥等。动力变质岩的性质取决于破碎物质成分、颗粒大小和压密胶结程度。若胶结不良,裂隙发育的岩石透水性强,强度也低,在岩体中形成构造结构面或者软弱夹层。

区域变质岩是大规模区域性地壳变动促使岩石变质产生的。区域变质岩分布范围广,厚度大,变质程度均一。

片麻岩随着黑云母含量增多和片麻理明显发育,其强度和抗风化能

---

①孙文怀. 水利水电工程地质[M]. 北京:中央广播电视大学出版社,2007.

力显著降低。片岩包括很多类型，其中石英片岩性质较好，强度较大，抗风化能力强。而云母片岩、绿泥石片岩等，片状矿物较多，岩性较软弱，片理特别发育，力学强度低。尤其沿片理方向易产生滑动，一般不利于坝基和边坡岩体稳定。

板岩和千枚岩是浅变质的岩石，岩质软弱性脆，易于裂开成薄板状。在水浸的条件下，板岩和千枚岩中的绢云母和绿泥石等矿物，很容易重新分解为黏土矿物，且易发生泥化现象。

石英岩性质均一，致密坚硬，强度极高，抗水性能好，且不易风化，但性脆，受地质构造变动破坏后，裂隙断层发育，有时还夹有软弱泥化板岩，使岩石性质变坏。例如，江西上犹江坝址，石英岩和石英砂岩中夹有泥化板岩，抗滑稳定性差。筑坝时，采取处理措施，才保证了大坝的安全。

大理岩强度高，但具有微弱可溶性，岩溶发育程度、规模大小以及对建筑物的影响等特点，是主要工程地质问题。

二、地质构造和地质现象

（一）层面和节理

沉积岩在形成过程中，由于沉积环境的改变，引起沉积物质的成分、颗粒大小、形状或颜色沿垂直方向发生变化而显示出成层现象。连续不断地沉积形成的单元岩层称为层。相邻两个层之间的界面称作层面。层面在地壳运动中能够发生倾斜、褶皱甚至翻转等变化，具体如图1-4所示。层面与水平面相交线的方向称为走向，其交线称为走向线。垂直于走向线，沿层面最大倾斜线的水平方向称为倾向。岩层面与水平面所夹的锐角称为倾角。通常用走向、倾向和倾角来测定岩层的空间位置，称为岩层的产状要素，具体如图1-5所示。

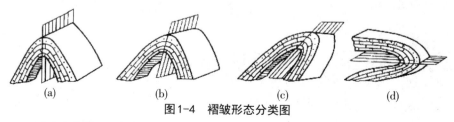

| (a) | (b) | (c) | (d) |

图1-4　褶皱形态分类图

(a)直立褶皱；(b)倾斜褶皱；(c)倒转褶皱；(d)平卧褶皱

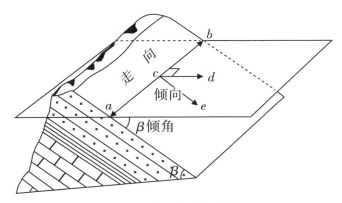

图1-5 岩层的产状要素

节理一般又称为裂隙,普遍存在于岩体和岩层中,以构造应力作用形成的构造节理为多见。构造节理具有明显的方向和规律性。节理面也具有倾向、倾角。

层面和节理面是受力的薄弱面,在工程设计中,要充分地考虑这一因素。

（二）风化

长期暴露于地表的岩石在日晒、风吹、雨淋、生物等作用下,岩石结构逐渐崩解、破碎、疏松,甚至矿物成分发生变化,这种现象称为风化。岩石风化分为物理风化、化学风化和生物风化三种类型。岩石的抗风化能力因其矿物的成分及结构而有差异。岩石风化后,结构和构造被破坏,物理力学指标降低,孔隙率增大。严重风化的岩层不能满足工程建设的要求,需要挖除。

（三）岩溶

在可溶性岩石地区,地下水和地表水对可溶岩进行化学溶蚀、机械溶蚀、迁移、堆积作用,形成各种独特形态的地质现象,称为岩溶,岩溶现象可发生于地表或地下。常见的岩溶形态有石林、溶洞、落水洞等。岩溶地貌又称为"喀斯特"地貌。岩溶现象对水利水电工程的危害是非常严重的,它可能导致库区渗漏,降低岩体强度和稳定性。因此,在岩溶地区修建水电站时,要选择合适的坝址。特别是对岩溶造成的库区渗漏,在建造以前要有充分的了解,并采取相应的预防措施。例如,湖北天楼地枕水电站的原设计为拱坝方案,在建造过程中因库区溶洞渗漏而被迫将坝址上移,改变为底栏栅引水方案。

(四)地震

地震又称地动、地振动,是地壳构造运动引起地壳瞬时震动的一种地质现象。当地壳内部某处的地应力逐渐累积超过岩层的强度时,累积能量急剧释放,引起岩层破裂和断层错动和周围物质发生震动。强烈地震能够对地面建筑物造成巨大破坏。中国历史上有关地震的记载,最早见于《竹书记年》,书中提到"三十五年,帝命夏后征有苗,有苗氏来朝"。帝指舜帝,夏后指大禹,大禹征三苗的时间,在帝舜三十五年。帝舜时大约在公元前23世纪,距今已有四千多年历史,这是我国有文字可考的最早地震纪录。

地应力释放点称为震源,震源到地表的垂直距离称为震源深度,震源垂直向上在地面的投影位置称为震中。建筑物在地面上到震中的距离称为震中距,如图1-6所示,震中距越大,建筑物受到的影响越小。

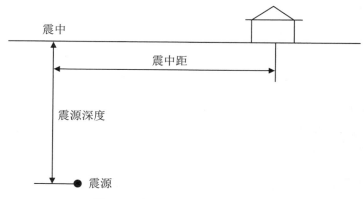

图1-6 震源、震中和震中距示意图

一次地震中释放出来的能量大小称为震级,地震释放的能量越大,震级越高。地球表面的建筑物受到地震的影响程度除了与震级大小有关外,还与震中距、震源深度有关。震中距越小,地表建筑物受地震的影响越大;震源深度越浅,地表建筑物受地震的影响越大。地震烈度是地震时地面及建筑物受到影响和破坏的程度,与震级、震中距、震源深度、地震波通过的介质条件等多种因素有关。一次地震只有一个震级,而震中周围的地震烈度随着震中距加大形成不同的地震烈度区。一个地区今后一定时期内,在一般场地条件下可能普遍遭遇到的最大地震烈度称为地震基本烈度。某一地区的基本烈度由国家地震局根据实地调查、历史记录、仪器记录并结合地质构造情况综合分析研究确定。在工程设计时,针对建筑物的重要性予以调整后所采用的抗震设计的地震烈度称为设计烈度。一般建筑物往往以基本烈度作为设计烈度,非常重要的永久性建筑物可根据需要,将设计烈度提高 $1 \sim 2$ 度,临时建筑物和次要建筑物则可适当降低 $1 \sim 2$ 度。

发生地震时,震动以波动的形式从震源处向各个方向传播。传到建筑物处的地面波分为水平波和垂直波。受地震波的影响,建筑物承受到地面传递的地震加速度。

(五)断层

断层是地壳在构造应力作用下,岩层发生位移形成的地质构造。断层在地壳中广泛分布,形态各异,大小不一。小断层在岩石标本上就可以看到,大断层可延伸数百公里。岩层发生位移的错动面称为断层面,断层面与地面的交线称为断层线,较大的断层错动常形成一个带,包括断层破碎带与影响带。破碎带是指断层错动而破裂和搓碎的岩石碎块、碎屑部分;影响带是指受断层影响、节理发育或岩层产生牵引弯曲部分。

断层按其形态分为正断层、逆断层和平移断层,具体如图1-7所示。断层面两侧相对位移的岩块称为岩盘。正断层的基本特征是上盘相对下移,下盘相对上移。逆断层则向反方向相对移动。平移断层的两岩盘相对水平移动。

断层破坏了岩体的完整性,降低了岩石的强度,增加了岩体的透水性。断层使坝基容易沿断裂结构面产生滑动。选择坝址的隧洞洞线时,原则上要避开大断层破碎带。对较小的断层,要探明走向和层面,采取适当的工程措施加以处理。

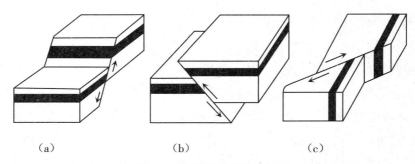

（a）　　　　　　（b）　　　　　　（c）

图1-7　不同类型断层示意图

（a）正断层；（b）逆断层；（c）平移断层

（六）地下水

地下水是埋藏在地表以下的各种状态的水，是地球上水体的重要组成部分。地下水以多种形式存在于地下，是河川径流的重要补给源之一。地下水与地表水相互转换、相互补充。

按地下水的埋藏条件，地下水分为包气带水、潜水和承压水。包气带水是土壤中的局部隔水层阻托滞留聚集而成，是具有自由水面的重力水。潜水是饱和土壤的最上层具有表面的含水层中的水，潜水的水面形成地下水位面。在重力作用下，潜水在土壤中由高处向低处流动，称为渗流。流动的潜水面具有倾斜的坡度，称为渗流水力坡降。承压水是充满于上下两个稳定隔水层之间的含水层中的重力水。承压水没有自由水面，类似于有压管道的水流。

按含水层空隙性质，地下水可分为孔隙水、裂隙水和岩溶水。

水利水电工程修成蓄水后，改变了地表水的分布，促使地下水径流条件发生变化，会抬高库区周边相当范围内的地下水位，使附近的地区浸没，农田盐渍化或沼泽化。

在地下水丰富的地区，对地下洞室施工或基坑的开挖和排水工作有较大影响。

第四节 我国的水利水电建设发展

我国在水利建设方面有两个繁荣时期：一是春秋战国时期；二是中华人民共和国成立以后。

一、春秋战国时期的水利建设

（一）都江堰

都江堰位于四川成都西北的灌县（今都江堰市）。公元前250年，由当时任蜀郡太守的李冰父子主持修建，用于成都平原的灌溉。都江堰工程包括宝瓶口、飞沙堰、分水鱼嘴、金刚堤、人字堤等建筑物，具体如图1-8所示。宝瓶口依山开凿而成，是整个灌溉渠的进水，不仅能够在枯水期大量引水，还能在洪水期约束控制进渠水量。分水鱼嘴建在岷江的江心洲滩最前端，在枢纽中起导水作用，低水位时分水入渠。飞沙堰的长度为150~200米，高2米，汛期通过堰顶由内江向外江溢水分流排沙。内金刚堤长约650米，外金刚堤长约900米。整个工程顺地势修建而成，既能将岷江水引入成都平原用于灌溉，又能节制引水量。都江堰工程借助于宝瓶口、飞沙堰、分水鱼嘴，能够对岷江做到"三七分流"。洪水期，狭窄的宝瓶口仅仅允许30%的水进入内江，而将70%的水量通过飞沙堰等溢漫分流到外江；枯水期，深窄的宝瓶口和较高的飞沙堰迫使70%的水量进入成都灌区。都江堰工程代表了当时水利工程建设的最高水平，经历代整治，是全世界迄今为止，年代最久、唯一留存、仍在一直使用、以无坝引水为特征的宏大水利工程，凝聚着中国古代劳动人民勤劳、勇敢、智慧的结晶。

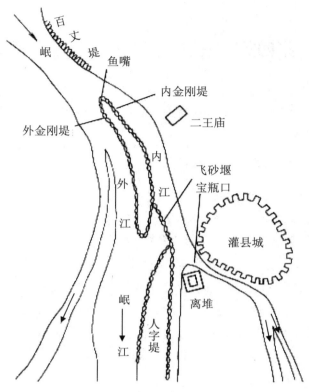

图1-8 都江堰水利枢纽示意图

(二)灵渠

灵渠,古称秦凿渠、零渠、陡河、兴安运河、湘桂运河,是古代中国劳动人民创造的一项伟大工程。灵渠全长37千米,位于广西壮族自治区兴安县境内,距桂林市约60千米。秦统一六国后,计划南下进攻南越,因广西的地形地貌而导致运输补给供应不上,毫无建树。因此,改善和保证交通补给成了这场战争的成败关键。秦始皇令史禄率众劈山凿渠,打通南下通道。灵渠始建于秦始皇28年,建成于秦始皇33年(公元前214年)。其后,汉代马援、唐代李渤、鱼孟威,北宋李师中等人相继主持续建和修复灵渠。灵渠将长江水系的湘江和珠江水系的漓江连接在一起,沟通了长江和珠江两大水系,在当时成为南北航运的重要通道。灵渠工程由大天平、小天平、南渠、北渠等建筑物构成,具体如图1-9所示。大、小天平组成拦河坝,拦断湘江上游段(又称海阳河),将抬高水位的湘江江水分别流入南渠（与漓江相通）和北渠（与湘江下游相通）。洪水期多余的水从大、小天平的顶部溢流进入湘江故道。大、小天平的鱼鳞石结构合理，能够抵御较大洪水的冲刷，在今天看来仍使人叹为观止。整个工程顺势建筑而成，至今仍保持完好。灵渠在维护国家统一、促进中原与岭南经济文化交流等方面做出了重要贡献。灵渠与都江堰一南一北，异曲同工，相互媲美。

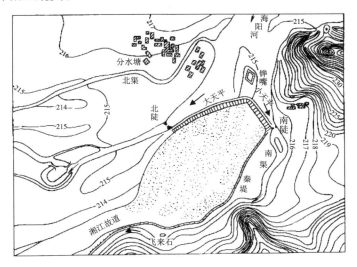

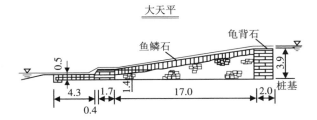

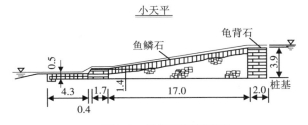

图1-9　灵渠工程布置图

（三）芍陂

芍陂由春秋时楚相孙叔敖主持修建，与都江堰、漳河渠、郑国渠并称为我国古代四大水利工程，位于今安徽寿县南，今称安丰塘。陂是中国古代特有的一种水利工程，是由人工修造而成的蓄水塘。芍陂位于淮水支流淠水和肥水之间的一大片洼地上，在北、西两面筑堤蓄水，以南面诸水为源。芍陂因引淠水经白芍亭东蓄水而得名，历史上灌溉面积从数千顷到四万顷不等。芍陂建成后，三国魏、西晋、东晋、南朝、隋、唐、宋、元各代都对其进行过修治。到了明代，芍陂虽然也多次修治，但是规模都不大，陂内的淤塞日益严重，至清光绪年间，芍陂的淤塞已极为严重，陂的作用已经很小。但是，芍坡仍是保留至今最完整的在低洼地修建堤堰的灌溉工程。中华人民共和国成立后，芍陂经过大规模修治，现为淠史杭灌区的一个反调节水库。现在，蓄水量已达到7300万立方米，灌溉面积420平方千米。

这个时期建成的水利工程还有河北的引漳十二渠、陕西的郑国渠、江苏的邗沟、河南的鸿沟等。[①]

二、中华人民共和国成立以后的水利建设

中华人民共和国成立后，在水利水电建设方面取得的主要成绩有以下几个。

（一）整治大江大河，提高防洪能力

在大江大河中，长江是我国第一黄金水道。但是，自1921年以来，长江共发生大洪水11次，其中以1931年和1954年最为严重。解放后，整治加固荆江大堤等中下游江堤3750千米，修建荆江分洪区等分洪、蓄洪工程，下荆江段河道裁弯工程，在长江上中游的支流上修建了安康、黄龙滩、丹江口、王甫洲、东风、乌江渡、龚嘴、铜街子、五强溪、凤滩、东江、江垭、安康、古洞口、隔河岩、高坝洲、水布垭、二滩等大中型工程，干流上有葛洲坝、三峡工程。已经建成的三峡工程，在治理长江方面起到不可替代的作用。目前，长江防洪险区为湖北枝城到湖南城陵矶长340千米的荆江大堤，其防洪能力不到10年一遇。长江干流上的三峡大坝建成后，

①林平宏.浅谈我国水利水电工程的发展新思路[J].科学之友,2010(18):57-59.

大大缓解了长江水患。1998年,长江发生全流域的洪水后,国家进一步加大了长江堤防的投资,大大增强了长江防洪能力,千军万马守大堤的情况将不复出现。

黄河是中国的母亲河。但黄河水患更甚于长江。自公元前602年至1938年,黄河下游决口年份有543年,并多次改道。解放后,整治堤防2127千米,修建东平湖分洪工程和北金堤分(滞)洪工程,在干流上修建了龙羊峡、李家峡、刘家峡、青铜峡、盐锅峡、八盘峡、万家寨、天桥、三门峡、陆浑、伊河、故县(洛河)、小浪底等工程,使干堤防洪标准提高到60年一遇。

淮河流域修建了淮北大堤,三河闸、二河闸等排洪工程和佛子岭、梅山、响洪甸、磨子潭等5700多座大、中、小型水库,其干流标准提高到40~50年一遇。2003年,淮河入海道的修通,为提高淮河的防汛能力起到关键性的作用。

经过多年的开发治理,海河流域已建成大、中、小型水库1879座,新辟入海水道8条,整治滞洪洼淀32处,开挖、疏浚骨干河道50余条,几条主要支流的防洪标准已达20~50年一遇。

(二)修建了一大批大中型水电工程

中华人民共和国成立以来,水电建设迅猛发展,工程规模不断扩大。在代表性的水利水电工程中,20世纪50年代有浙江新安江水电站、湖南资水柘溪水电站、甘肃黄河盐锅峡水电站、广东新丰江水电站、安徽梅山水电站等;20世纪60年代有甘肃黄河刘家峡水电站、湖北汉江丹江口水电站、河南黄河三门峡水电站等;20世纪70年代有湖北长江葛洲坝水电站、贵州乌江乌江渡水电站、四川大渡河龚嘴水电站、湖南酉水凤滩水电站、甘肃白龙江碧口水电站等;20世纪80年代有青海黄河龙羊峡水电站、河北滦河潘家口工程、吉林松花江白山水电站等;20世纪90年代有湖南沅水五强溪水电站、广西红水河岩滩水电站、湖北清江隔河岩水电站、青海黄河李家峡水电站、福建闽江水口水电站、云南澜沧江漫湾水电站、贵州乌江东风水电站、四川雅砻江二滩水电站、广西和贵州南盘江天生桥一级水电站等;21世纪有三峡水电站、小浪底水电站、大朝山水电站、棉花滩水电站、龙滩水电站、水布垭水电站等。据不完全统计,截至2018年底,我国大陆已建5万千瓦及以上的大中型水电站约640座,总装机约2.7亿千瓦。

(三)设计、施工水平不断提高

半个世纪以来,我国的坝工技术得到了高度发展。已建成的大坝坝型有实体重力坝、宽缝重力坝、空腹重力坝、重力拱坝、拱坝、连拱坝、平板坝、大头坝、土石坝等多种坝型。建成了大量100～150米高度的混凝土坝和土石坝,进行了200～300米量级的高坝的研究、设计和建设工作。

贵州乌江渡重力拱坝成功地建于岩溶地区。广东泉水薄拱坝,坝高80.0米,厚高比仅为0.114。湖北西北口水电站为我国第一座面板堆石坝(坝高95米)。清江水布垭面板堆石坝,坝高233米,是世界上最高面板堆石坝。凤滩空腹重力拱坝是世界同类坝型中最高的一座。四川二滩双曲拱坝(坝高240米),是我国目前建成的最高拱坝,居世界第九位。2005年11月开工的锦屏一级水电站,坝高305米,将是世界上最高的双曲拱坝。葛洲坝工程的三线船闸、举世闻名的三峡工程的双线五级船闸多项技术为世界领先技术,充分反映了我国坝工技术水平。

计算机的引入,使坝工建设更加科学、更加精确、更加安全。CAD技术大大降低了设计人员的劳动强度,提高了设计水平,缩短了设计周期。计算技术从线性问题向非线性问题发展,弹塑性理论使结构分析更符合实际,大坝计算机仿真模拟、可靠度设计理论、拱坝体形优化设计理论、智能化程序等,使大坝设计更安全、更经济、更快捷。

在泄水消能方面,我国首创了重力坝宽尾墩消能工,并进一步将其发展到与挑流、底流、戽流相结合,改善消能效果,增加单宽流量。拱坝采用多层布置、分散落点、分区消能,有效解决了狭窄河谷内大泄量消能防冲问题。此外,窄缝消能工、阶梯式溢流面消能工、异型挑坎、洞内孔板消能工等不同形式的消能工应用于不同的工程,以适应不同的地质、地形条件和枢纽布置。

施工方面,碾压混凝土坝、面板堆石坝、大型地下厂房的开挖和衬护、预裂爆破、定向爆破、喷锚支护、过水土石围堰、高压劈裂灌浆地基处理、高边坡处理、隧洞一次成形技术等新坝型、新技术、新工艺标志着我国坝工建设的发展成就。特别是葛洲坝大江截流,截流流量 4400 立方米/秒,历时 36 小时 23 分钟,是我国水电建设的一大壮举。二滩水电站双曲拱坝年浇筑混凝土 152 万立方米,月浇筑 16.3 万立方米,达到了狭窄河谷薄拱坝混凝土浇筑的世界先进水平。大型施工机械和施工机械化缩短了水利水电工程施工周期。

我国水利建设从重点开发开始走向系统地综合开发,例如,黄河梯级工程、三峡工程和长江干流梯级工程、南水北调工程等重大工程项目的计划和实施,使我国水利事业逐渐提高到一个新的水平。

第二章 施工导流与水流控制技术

第一节 施工导流

一、施工导流方法

（一）全段围堰法

全段围堰法导流,就是在修建于河床上的主体工程上、下游各建一道拦河围堰,使水流经河床以外的临时或永久建筑物下泄,主体工程建成或即将建成时,再将临时泄水建筑物封堵。该法多用于河床狭窄、基坑工作量不大、水深、流急难于实现分期导流的地方。全段围堰法按其泄水道类型有以下几种。

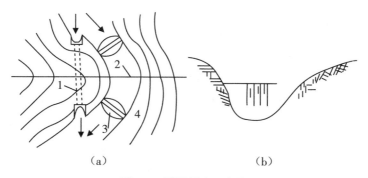

图2-1 隧洞导流示意图

（a）平面图;（b）剖面图
1隧洞;2坝轴线;3围堰;4基坑

1.隧洞导流。山区河流,一般河谷狭窄、两岸地形陡峻、山岩坚实,采用隧洞导流较为普遍。但由于隧洞泄水能力有限,造价较高,一般在汛期泄水时均另找出路或采用淹没基坑方案。导流隧洞设计时,应尽量与永久隧洞相结合。隧洞导流的布置型式如图2-1所示。

2.明渠导流。明渠导流是在河岸或滩地上开挖渠道,在基坑上、下游修筑围堰,河水经渠道下泄。它用于岸坡平缓或有宽广滩地的平原河道上。如果当地有老河道可利用或工程修建在弯道上时,采用明渠导流比较经济合理。具体布置型式如图2-2所示。

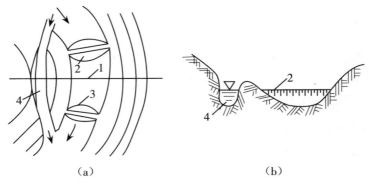

（a）　　　　　　　　　　　（b）

图2-2　明渠导流示意图

（a）平面图;（b）剖面图
1坝轴线;2上游围堰;3下游围堰;4导流明渠

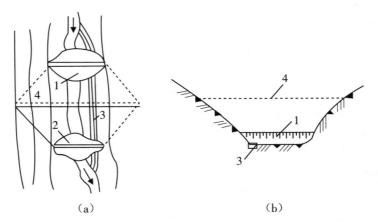

（a）　　　　　　　　　　　（b）

图2-3　涵管导流示意图

（a）平面图;（b）剖面图
1上游围堰;2下游围堰;3涵管;4坝体

3.涵管导流。涵管导流一般在修筑土坝、堆石坝中采用,但由于涵管的泄水能力较小,因而一般用于流量较小的河流上或只用来担负枯水期的导流任务,具体布置型式如图2-3所示。

4.渡槽导流。渡槽导流方式结构简单,但泄流量较小,一般用于流量小、河床窄、导流期短的中、小型工程,具体布置型式如图2-4所示。

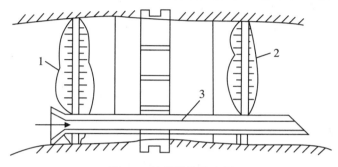

图2-4 渡槽导流示意图

1上游围堰;2下游围堰;3渡槽

(二)分段围堰法

分段围堰法(也称分期围堰法),就是用围堰将水工建筑物分段分期围护起来进行施工,如图2-5所示。所谓分段,就是从空间上用围堰将拟建的水工建筑物圈围成若干施工段;所谓分期,就是从时间上将导流分为若干时期。导流的分期数和围堰的分段数并不一定相同,如图2-6所示。

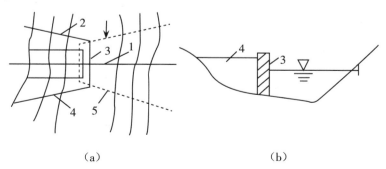

(a) (b)

图2-5 分期导流示意图

(a)平面图;(b)剖面图

1坝轴线;2上横围堰;3纵围堰;4下横围堰;5第二期围堰轴线

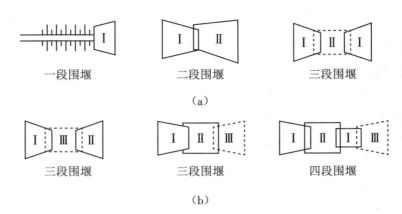

图2-6 导流分期与围堰分段示意图

（a）二期施工；（b）三期施工
Ⅰ、Ⅱ、Ⅲ表示施工分期

1.底孔导流。采用底孔导流时,应事先在混凝土坝体内修好临时或永久底孔;然后让全部或部分水流通过底孔宣泄至下游。如系临时底孔,应在工程接近完工或需要蓄水时封堵。底孔导流布置型式如图2-7所示。

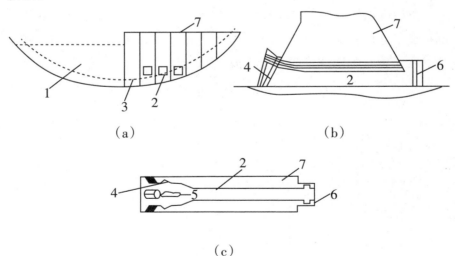

图2-7 底孔导流

（a）二期施工时下游立视图；（b）底孔纵断面；（c）底孔水平剖面
1二期修建坝体;2底孔;3为期纵向围堰;4封闭闸门门槽;5中间墩;6出口封闭门槽;7已浇筑的混凝土坝体

底孔导流挡水建筑物上部的施工可不受干扰,有利于均衡、连续施工,这对修建高坝有利,但在导流期有被漂浮物堵塞的危险,封堵水头较高,安放闸门较困难。

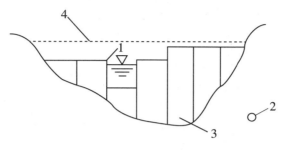

图2-8　坝体缺口过水示意图

1过水缺口;2导流隧洞;3坝体;4坝顶

2.缺口导流。混凝土坝在施工过程中,为了保证在汛期河流暴涨暴落时能继续施工,可在兴建的坝体上预留缺口宣泄洪峰流量,待洪峰过后,上游水位回落再修筑缺口,谓之缺口导流,具体型式如图2-8所示。

二、导流建筑物

(一)导流建筑物设计流量

导流设计流量是选择导流方案,确定导流建筑物的主要依据。而导流建筑物设计洪水标准是选择导流设计流量的标准,即施工导流的设计标准。

1.洪水设计标准。导流建筑物系指枢纽工程施工期所使用的临时性挡水和泄水建筑物。根据其保护对象、失事后果、使用年限和工程规模划分为Ⅲ～Ⅴ级定,具体划分要求如表2-1所示。

导流建筑物设计洪水标准应根据建筑物的类型和级别在规定幅度内选择,并结合风险度进行综合分析,使所选标准经济合理,对失事后果严重的工程,要考虑对超标准洪水的应急措施。具体规定幅度如表2-2所示。

当坝体筑高到不需围堰保护时,其临时度汛洪水标准应根据坝型及坝前拦洪库容按规定的洪水重现期(年)。具体标准如表2-3所示。

导流泄水建筑物封堵后,如永久泄洪建筑物尚未具备设计泄洪能力,坝体度汛洪水标准应分析坝体施工和运行要求后按规定执行。汛前坝体上升高度应满足拦洪要求,帷幕灌浆及接缝灌浆高程应能满足蓄水要求。具体要求如表2-4所示。

表2-1 导流建筑物级别划分

级别	保护对象	失事后果	使用年限（年）	围堰工程规模	
				最高（米）	库容（亿立方米）
Ⅲ	有特殊要求的Ⅰ级永久建筑物	淹没重要城镇、工矿企业、交通干线或推迟工程总工期及第一批机组发电,造成重大灾害和损失	>3	>50	>1.0
Ⅳ	Ⅰ级、Ⅱ级永久建筑物	淹没一般城镇、工矿企业或推迟工程总工期及第一批机组发电而造成较大灾害和损失	1.5～3	15～50	0.1～1.0
Ⅴ	Ⅲ级、Ⅳ级永久建筑物	淹没基坑,但对总工期及第一批机组发电影响不大,经济损失较小	<1.5	<15	<0.1

表2-2 导流建筑物洪水标准划分

导流建筑物类型	导流建筑物级别		
	Ⅲ	Ⅳ	Ⅴ
	洪水重现期（年）		
土石	20～50	10～20	5～10
混凝土	10～20	5～10	3～5

表2-3 坝体施工期临时度汛洪水标准

坝型	拦洪库容（亿立方米）		
	>1.0	0.1～1.0	0.1
	洪水重现期（年）		
土石坝	>100	50～100	20～50
混凝土坝	>50	20～50	10～20

表2-4　导流泄水建筑物封堵后坝体度汛标准

大坝类型		导流建筑物级别		
		I	II	III
		洪水重现期(年)		
混凝土坝	设计	100～200	50～100	20～50
	校核	200～500	100～200	50～100
土石坝	设计	200～500	100～200	50～100
	校核	500～1000	200～500	100～200

2.导流时段。导流时段就是按照导流程序来划分的各施工阶段的延续时间。划分导流时段,需正确处理施工安全可靠和争取导流的经济效益的矛盾。因此,要全面分析河道的水文特点、被围的永久建筑物的结构型式及其工程量大小、导流方案、工程最快的施工速度等,这些是确定导流时段的关键。尽可能采用低水头围堰,进行枯水期导流,是降低导流费用、加快工程进度的重要措施。

(二)围堰

1.围堰的类型。围堰是一种临时性水工建筑物,用于围护河床中基坑,保证水工建筑物施工在干地上进行。在导流任务完成后,对不能作为永久建筑物的部分或妨碍永久建筑物运行的部分应予以拆除。

通常按使用材料将围堰分为土石围堰、草土围堰、钢板桩格型围堰、木笼围堰、混凝土围堰等;按所处的位置将围堰分为横向围堰、纵向围堰;按围堰是否过水分为不过水围堰和过水围堰。

2.围堰的基本要求。围堰的基本要求主要有以下几点:第一,安全可靠,能满足稳定、抗渗、抗冲要求;第二,结构简单,施工方便,易于拆除,同时能充分利用当地材料及开挖弃料;第三,堰基易于处理,堰体便于与岸坡或已有建筑物连接;第四,在预定施工期内修筑到需要的断面和高程;第五,具有良好的技术经济指标。

3.围堰的结构。

(1)土石围堰。土石围堰能充分利用当地材料,地基适应性强,造价低,施工简便,在设计时应优先选用。土石围堰的结构可分为以下两种:

①不过水土石围堰：对于这种土石围堰，由于不允许过水，且抗冲能力较差，一般不宜做纵向围堰，如河谷较宽且采取了防冲措施，也可将土石围堰作为纵向围堰。土石围堰的水下部位一般采用混凝土防渗墙防渗，水上部位一般采用黏土心墙、黏土斜墙、土工合成材料等防渗。②过水土石围堰：当采用淹没基坑方案时，为了降低造价、便于拆除，许多工程采用了过水土石围堰形式。为了克服过水时水流对堰体表面冲刷以及由于渗透压力引起的下游边坡连同堰顶一起的深层滑动，目前采用较普遍的是在下游护面上压盖混凝土面板。

（2）草土围堰。草土围堰是黄河上传统的筑堤方法，它是一种草土混合结构。施工时，先用稻草或麦草做成长为 1.2 ~ 1.8 米、直径为 0.5 ~ 0.7 米的草捆，再用长为 6 ~ 8 米、直径为 4 ~ 5 厘米的草绳将两个草捆扎成件，重约 20 千克。堰体由河岸开始修筑，首先沿着河岸迎水面在围堰整个宽度内分层铺设草捆，并将草绳拉直放在岸上，以便与后铺的草捆互相联结。铺草时，应使第一层草捆浸入水中 1/3，各层草捆按水深的程度叠接 1/3 ~ 1/2，这样，逐层压放的草捆就形成一个 35° ~ 45° 的斜坡，直至高出水面 1.0 米为止。随后，在草捆层的斜坡上铺上一层厚度为 0.25 ~ 0.30 米的散草，再在散草上铺一层厚度为 0.25 ~ 0.30 米的土层。土质以遇水易于崩解、固结为好，可采用黄土、砂壤土、黏壤土、粉土等。铺好的土质只需用人工踏实即可。接着，在填土面上同样作堰体压草、铺散草和压土工作，如此继续进行，堰体即可向前进占，后部的堰体也渐渐深入河底。

（3）混凝土围堰。混凝土围堰的抗冲及抗渗能力强，适应高水头，底宽小，易于与永久建筑物相结合，必要时可以过水，因此应用较广泛。峡谷地区岩基河床，多用混凝土拱围堰，且多为过水围堰形式，可使围堰工程量小，施工速度快，且拆除也较为方便。采用分段围堰法导流时，重力式混凝土围堰往往作为纵向围堰。现在的混凝土围堰一般采用碾压混凝土，在低土石围堰保护下施工，施工速度快。

4.围堰的平面布置。围堰的平面布置是一个很重要的课题，如果平面布置不当，围护基坑的面积过大，会增加排水设备容量；基坑面积过小,会妨碍主体工程施工,影响工期;更有甚者,会造成水流宣泄不畅顺,冲刷围堰及其基础,影响主体工程安全施工。

围堰的平面布置一般应按导流方案、主体工程的轮廓和对围堰提出的要求而定。当采用全段围堰法导流时,基坑是由上、下游横向围堰和两岸围成的。

采用分段围堰取决于主体工程的轮廓。通常,基坑坡趾与主体工程轮廓之间的距离,不应小于20~30米,以便布置排水设施、交通运输道路及堆放材料和模板等,具体如图2-9所示。至于基坑开挖坡的大小,则与地质条件有关。采用分段围堰法导流时,上、下游横向围堰一般不与河床中心线垂直,其平面布置常呈梯形,既可保证水流顺畅,同时也便于运输道路的布置和衔接。当采用全段围堰法导流时,为了减少工程量,围堰多与主河道垂直。当纵向围堰不作为永久建筑物的一部分时,纵向基坑坡趾与主体工程轮廓之间的距离,一般不大于2米,以供布置排水系统和堆放模板。如果无此要求,只需留0.4~0.6米就够了。

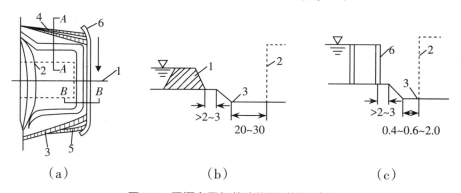

（a）　　　　　　　　　（b）　　　　　　　　　（c）

图2-9　围堰布置与基坑范围（单位:米）

（a）平面图;（b）A—A剖面;（c）B—B剖面
1主体工程轴线;2主体工程轮廓;3基坑;4上游横向围堰;5下游横向围堰;6纵向围堰

5.围堰堰顶高程的确定。围堰堰顶高程的确定,不仅取决于导流设计流量和导流建筑物的型式、尺寸、平面位置、高程和糙率等,而且要考虑到河流的综合利用和主体工程工期。

上游围堰的堰顶高程 $H_{上}=h_d+Z+\delta$。式中 $H_{上}$ 为上游围堰的堰顶高程，单位米；h_d 为下游水面高程，单位米，可直接由原河流水位流量关系曲线中查得；Z 为上、下游水位差，单位米；δ 为围堰的安全超高，单位米，按表 2-5 所示来选用。

下游围堰的堰顶高程 $H_{下}=hd+\delta$。式中 $H_{下}$ 为下游围堰的堰顶高程，单位米；h_d 为下游水面高程，单位米；δ 为围堰的安全超高，单位米，按表 2-5 所示来选用。

表 2-5　不过水围堰顶的安全超高下限值（单位：米）

围堰型式	围堰级别	
	Ⅲ	Ⅳ～Ⅴ
土石围堰	0.7	0.5
混凝土围堰	0.4	0.3

围堰拦蓄一部分水流时，则堰顶高程应通过水库调洪计算来确定。纵向围堰的堰顶高程要与束窄河床中宣泄导流设计流量时的水面曲线相适应，其上、下游端部分别与上、下游围堰同高，所以其顶面往往做成倾斜状。

6.围堰的拆除。围堰是临时建筑物，导流任务完成以后，应按设计要求进行拆除，以免影响永久建筑物的施工及运行。

（1）土石围堰的拆除。土石围堰相对说来断面较大，因之有可能在施工期最后一次汛期过后，上游水位下降时，应从围堰的背水坡开始分层拆除。但必须保证依次拆除后所残留的断面能继续挡水和维持稳定，以免发生安全事故，使基坑过早淹没，影响施工。土石围堰一般可用挖土机或爆破等方法拆除。

（2）草土围堰的拆除。草土围堰的拆除比较容易，一般水上部分使用人工拆除，水下部分可在堰体挖一缺口，让其过水冲毁或使用爆破法拆除。

（3）混凝土围堰的拆除。混凝土围堰一般只能使用爆破法拆除，但应注意的是，必须使主体建筑物或其他设施不受爆破危害。

第二节 节流

一、截流方法

1.立堵法。立堵法截流的施工过程是：首先在河床的一侧或两侧向河床中填筑截流戗堤，逐步缩窄河床，谓之进占。当河床束窄到一定的过水断面时即行停止(这个断面谓之龙口)，对河床及龙口戗堤端部进行防冲加固(护底及裹头)。然后掌握时机封堵龙口，使戗堤合龙；最后为了解决戗堤的漏水，必须即时在戗堤迎水面设置防渗设施(闭气)。具体如图2-10所示。所以整个截流过程包括进占、护底及裹头、合龙和闭气等项工作。截流之后，对戗堤加高培厚即修成围堰。

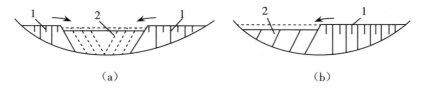

（a）　　　　　　　　　　　　　（b）

图2-10　立堵法截流

（a）双向进占；（b）单向进占
1 截流戗堤；2 龙口

2.平堵法。平堵法截流是沿整个龙口宽度全线抛投，抛投料堆筑体全面上升，直至露出水面，具体如图2-11所示。为此，合龙前必须在龙口架设浮桥。由于它是沿龙口全宽均匀平层抛投，所以其单宽流量较小，出现的流速也较小，需要的单个抛投材料重量也较轻，抛投强度较大，施工速度较快，但有碍通航。

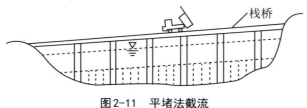

图2-11　平堵法截流

在截流设计时,可根据具体情况采用立堵与平堵相结合的截流方法,如先用立堵法进占,然后在龙口小范围内用平堵法截流;或先用船抛土石材料平堵法进占,然后再用立堵法截流。

二、截流日期及设计流量

1.截流时间的确定。确定截流时间应考虑以下几点:第一,导流泄水建筑物必须建成或部分建成,具备泄流条件,河道截流前泄水道内围堰或其他障碍物应予清除;第二,截流后的许多工作必须抢在汛前完成(如围堰或永久建筑物抢筑到拦洪高程等);第三,在有通航要求的河道上,截流日期最好选在对通航影响最小的时期;第四,在北方有冰凌的河流上截流,不宜选择流冰期进行。

根据上述要求,截流日期一般选在枯水初期,具体的日期可根据历史水文资料来确定,但往往可能有较大出入。因此,在实际工作中应根据当时的水文气象预报以及实际水情分析进行修正,最后确定截流日期。

2.截流设计流量的确定。截流设计所取的流量标准是指某一确定的截流时间的截流设计流量,因此,当截流时间确定以后,就可根据工程所在河道的水文、气象特征选择设计流量。通常可按重现年法或结合水文气象预报修正法确定设计流量,一般可按工程的重要程度选择截流时段重现期5~10年的月或旬的平均流量,也可用其他方法分析确定。[①]

3.截流戗堤轴线和龙口位置的选择。

(1)戗堤轴线位置的选择。截流戗堤通常是土石横向围堰的一部分,应结合围堰结构型式和围堰布置统一考虑。单戗截流的戗堤可布置在上游围堰或下游围堰中非防渗体的位置。如果戗堤靠近防渗体,应在两者之间留足闭气料或过渡带的厚度,同时应防止合龙时的流失料进入防渗体部位,以免在防渗体底部形成集中漏水通道。为了在合龙后能迅速闭气并进行基坑抽水,一般情况下应将单戗堤布置在上游围堰内。

当采用双戗或多戗截流时,戗堤间距必须满足一定的要求,才能发挥每条戗堤分担落差的作用。如果围堰底宽不太大,上、下游围堰间距也不太大时,可将两条戗堤分别布置在上、下游围堰内,大多数双戗截流工

---

①宁仁歧.建筑施工技术[M].北京:高等教育出版社,2004.

程都是这样做的。如果围堰底宽很大，上、下游间距也很大，可考虑将双戗布置在一个围堰内。当采用多戗时，一个围堰内通常也需要布置两条戗堤，此时，两条戗堤之间均应有适当的间距。

在采用土石围堰的一般情况下，均将截流戗堤布置在围堰范围内。但也有戗堤不与围堰相结合的情况，此时戗堤轴线位置的选择应与龙口位置相一致。如果围堰所在地的地质、地形条件不利于布置戗堤和龙口，而戗堤工程量又很小，则可能将截流戗堤布置在围堰之外。例如，龚咀工程的截流戗堤就布置在上、下游围堰之间，而不与围堰相结合。由于这种戗堤多数均需拆除，因此，采用这种布置时应有专门论证。

平堵截流戗堤轴线的位置，应考虑便于抛石桥的架设。

（2）龙口位置的选择。选择龙口位置时，应着重考虑地质条件、地形条件以及水利条件。从地质条件来看，龙口应尽量选在河床抗冲刷能力强的地方，如岩基裸露或覆盖层较薄处，这样可以避免合龙过程中的过大冲刷，防止戗堤突然塌方失事。从地形条件来看，龙口河底不宜有顺流向陡坡和深坑。如果龙口能选在底部基岩面粗糙、参差不齐的地方，则有利于抛投料的稳定。另外，龙口周围应有比较宽阔的场地，离料场合特殊截流材料堆场的距离近，便于布置交通道路和组织高强度施工，这一点也是十分重要的。从水利条件来看，对于有通航要求的河流，预留龙口一般均布置在深槽主航道处，有利于合龙前的通航。至于对龙口的上、下游水流条件的要求，在以往的工程设计中有两种不同的见解：一种认为龙口应布置在浅谈，并尽量造成水流进出龙口的折冲和碰撞，以增大附加壅水作用；另一种则认为进出龙口的水流应平直顺畅，因此，可将龙口设在深槽中。实际上，这两种布置各有利弊，前者进口处的强烈侧向水流对戗堤端部抛投料的稳定不利，由龙口下泄的折冲水流容易对下游河床和河岸造成冲刷。后者的主要问题在于合龙段戗堤高度大，进占速度慢，并且深槽中水流集中，不易造成较好的分流条件。

（3）龙口宽度。龙口宽度主要根据水力计算而定，对于通航河流而言，决定龙口宽度时应着重考虑通航要求，对于无通航要求的河流而言，主要考虑戗堤预进占所使用的材料及合龙工程量的大小。一方面，在形成预留龙口前,通常均使用一般石渣进占,根据其抗冲流速可计算出相应的龙口宽度;另一方面,合龙是高强度施工,一般合龙时间不宜过长,工程量不宜过大。当此要求与预进占材料允许的束窄度有矛盾时,也可考虑提前使用部分大石块,或者尽量提前分流。

(4)龙口护底。对于非岩基河床而言,当覆盖层较深,抗冲能力小,截流过程中为防止覆盖层被冲刷,一般在整个龙口部位或困难区段进行平抛护底,防止截流料物流失量过大。对于岩基河床而言,有时为了减轻截流难度,增大河床糙率,也抛投一些料物护底,形成拦石坎。计算最大块体时应按护底条件选择稳定系数K。4.截流抛投材料。截流抛投材料主要有块石、石串、装石竹笼、帚捆、柴捆、土袋等,当截流水力条件较差时,还须采用人工块体,一般有四面体、六面体、四脚体及钢筋混凝土构件等,具体如图2-12所示。

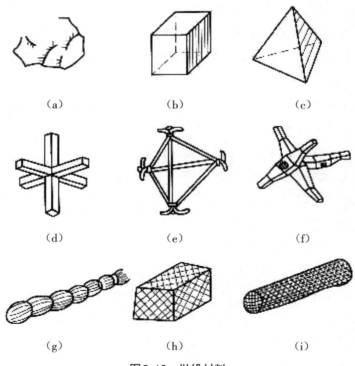

图2-12　抛投材料

(a)块石;(b)混凝土六面体;(c)混凝土四面体;(d)钢筋混凝土构架;(e)钢构架;(f)装配式钢筋混凝土构架;(g)柳石枕;(h)填石铅丝笼;(i)填石竹笼

截流抛投材料选择原则有以下几点：第一，预进占段填筑料尽可能利用开挖渣料和当地天然料；第二，龙口段抛投的大块石、石串或混凝土四面体等人工制备材料数量应慎重研究确定；第三，截流备料总量应根据截流料物堆存、运输条件、可能流失量及戗堤沉陷等因素综合分析，并留适当备用；第四，戗堤抛投物应具有较强的透水能力，且易于起吊运输。

第三节　施工排水

一、基坑积水的排除

基坑积水主要是指围堰闭气后存于基坑内的水体，还要考虑排除积水过程中从围堰及地基渗入基坑的水量和降雨。初期排水的流量是选择水泵数量的主要依据，应根据地质情况、工期长短、施工条件等因素确定。初期排水量可按以下公式估算：$Q = \dfrac{V}{T}K$。式中 Q 为初期排水流量，单位为立方米/秒；V 为基坑积水的体积，单位为立方米；K 为积水系数，考虑了围堰、基坑渗水和可能降雨等因素，对于中、小型工程而言，取 K=2～3；T 为初期排水时间，单位为秒。

初期排水时间与积水深度和允许的水位下降速度有关。如果水位下降太快，围堰边坡土体的动水压力过大，容易引起坍坡；如果水位下降太慢，则影响基坑开挖工期。基坑水位下降的速度一般控制在 0.5～1.5 米/天为宜。在实际工程中，应综合考虑围堰型式、地基特性及基坑内水深等因素。对于土围堰，水位下降速度应小于 0.5 米/天。

根据初期排水流量，即可确定水泵工作台数，并考虑一定的备用量。水利工地常用离心泵或潜水泵。为了运用方便，可选择容量不同的水泵，组合使用。水泵站一般布置成固定式或移动式两种，具体如图 2-13 所示。当基坑水深较大时，采用移动式。

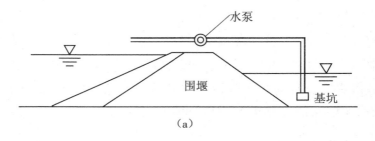

（a）

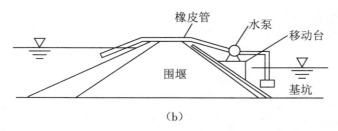

（b）

图2-13　水泵站布置

（a）固定式排水；（b）移动式排水

二、经常性排水

当基坑积水排除后，应立即进行经常性排水。对于经常性排水，主要包括计算基坑渗流量，确定水泵工作台数，布置排水系统。

（一）排水系统布置

经常性排水通常采用明式排水，排水系统包括排水干沟、支沟和集水井等。一般情况下，排水系统分为两种情况：一种是基坑开挖中的排水；另一种是建筑物施工过程中的排水。前者是根据土方分层开挖的要求，分次下降水位，通过不断降低排水沟高程，使每一个开挖土层呈干燥状态。排水系统排水沟通常布置在基坑中部，以利于两侧出土；当基坑较窄时，将排水干沟布置在基坑上游侧，以利于截断渗水。沿干沟垂直方向设置若干排水支沟。基础范围外布置集水井，井内安设水泵，渗水进入支沟后汇入干沟，再流入集水井，由水泵抽出坑外。后者排水目的是控制水位低于坑底高程，保证施工在干地条件下进行。排水沟通常布置在基坑四周，离开基础轮廓线不小于0.3～1.0米。集水井离基坑外缘之距离必须大于集水井深度。一般来说，排水沟的底坡不小于2‰，底宽不小于0.3米,干沟的沟深为1.0~1.5米,支沟的沟深为0.3~0.5米。集水井的容积应保证水泵停止运转10~15分钟井内的水量不致漫溢。井底应低于排水干沟底1~2米。经常性排水系统布置如图2-14所示。

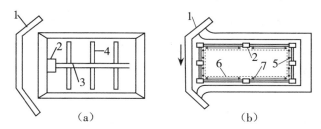

（a） （b）

图2-14 修建建筑物时基坑排水系统布置

（a）开挖过程中排水;（b）基础施工过程中排水

1围堰;2集水井;3排水干沟;4支沟;5排水沟;6基础轮廓;7水流方向

（二）经常性排水流量

经常性排水主要排除基坑和围堰的渗水,还应考虑排水期间的降雨、地基冲洗和混凝土养护弃水等。这里仅介绍渗流量估算方法。

1.围堰渗流量。透水地基上均质土围堰,每米堰长渗流量q可按下式计算:$q = K \dfrac{(H+T)^2 - (T-y)^2}{2L}$,其中$L=L_0+l-0.5mH$。式中q为渗入基坑的围堰单宽渗透流量;K为渗透系数。其余符号意义如图2-15所示。

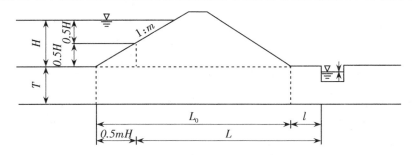

图2-15 透水地基上的渗透计算简图

2.基坑渗流量。由于基坑情况复杂,计算结果不一定符合实际情况,应用试抽法确定。近似计算时可采用表2-6所列参数。

表2-6 地基渗流量

地基类别	含有淤泥黏土	细砂	中砂	粗砂	砂砾石	有裂缝的岩石
渗透量q	0.1	0.16	0.24	0.3	0.35	0.05～0.01

降雨量按在抽水时段最大日降水量在当天抽干计算;施工弃水包括基岩冲洗与混凝土养护用水,两者不同时发生,按实际情况计算。排水水泵根据流量及扬程选择,并考虑一定的备用量。

三、人工降低地下水位

在经常性排水中,采用明排法,由于多次降低排水沟和集水井高程,变换水泵站位置,影响开挖工作正常进行,此外在细砂、粉砂及砂壤土地基开挖中,因渗透压力过大而引起流沙、滑坡和地基隆起等事故,对开挖工作产生不利影响。采用人工降低地下水位措施可以克服上述缺点。人工降低地下水位,就是在基坑周围钻井,地下水渗入井中,随即被抽走,使地下水位降至基坑底部以下,整个开挖部分土壤呈干燥状态,开挖条件大为改善。

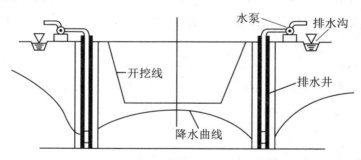

图2-16 管井法降低地下水位布置图

(一)管井法

管井法就是在基坑周围或上、下游两侧按一定间距布置若干单独工作的井管,地下水在重力作用下流入井内,各井管布置一台抽水设备,使水面降至坑底以下,如图2-16所示。

管井法适用于基坑面积较小,土的渗透系数较大(K=10～250米/天)的土层。当要求水位下降不超过7米时,采用普通离心泵;如果要求水位下降较大,需采用深井泵,每级泵降低水位20米～30米。

管井由井管、滤水管、沉淀管及周围反滤层组成。地下水从滤水管进入井管,水中泥沙沉淀在沉淀管中。滤水管可采用带孔的钢管,外包滤网;井管可采用钢管或无砂混凝土管,后者采用分节预制,套接而成。每节长1米,壁厚为4~6厘米,直径一般为30~40厘米。管井间距应满足在群井共同抽水时,地下水位最高点低于坑底,一般取15~25米。

(二)井点法

当土壤的渗透系数K<1米/天时,用管井法排水,井内水会很快被抽干,水泵经常中断运行,既不经济,抽水效果又差。在这种情况下,使用井点法较为合适。井点法适宜于渗透系数为0.1~50米/天的土壤。井点的类型有轻型井点、喷射井点和电渗井点3种,比较常用的是轻型井点。

轻型井点是由井管、集水管、普通离心泵、真空泵和集水箱等设备组成的排水系统,如图2-17所示。

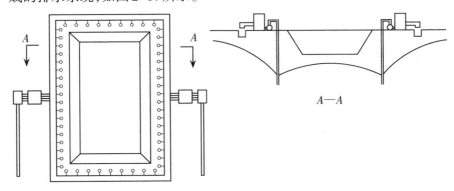

图2-17　井点法降低地下水位布置图

轻型井点的井管直径为38~50毫米,采用无缝钢管,管的间距为0.8~1.6米,最大可达3.0米。地下水从井管底部的滤水管内借真空泵和水泵的抽吸作用流入管内,沿井管上升汇入集水管,再流入集水箱,由水泵抽出。

轻型井点系统开始工作时,先开动真空泵排出系统内的空气,待集水箱内水面上升到一定高度时,再启动水泵抽水。如果系统内真空不够,仍需真空泵配合工作。

井点排水时,地下水位下降的深度取决于集水箱内的真空值和水头损失。一般集水箱的真空值为400~500毫米汞柱。

当地下水位要求降低值大于4~5米时,则需分层降落,每层井点控制3~4米。但分层数应以少于3层为宜。因层数太多,坑内管路纵横交错,妨碍交通,影响施工。此外,当上层井点发生故障时,由于下层水泵能力有限,容易造成地下水位回升,严重时甚至会导致基坑淹没。[①]

第四节 施工度汛及后期水流控制

一、施工度汛

施工度汛是指保护跨年度施工的水利工程,在施工期间安全度过汛期而不遭受洪水损害的措施。施工度汛需根据已确定的当年度汛洪水标准,制定度汛规划及技术措施(包括度汛标准论证、大坝及泄洪建筑物鉴定、水库调度方案、非常泄洪设施、防汛组织、水文气象预报、通信系统、道路运输系统、防汛器材准备等),并报上级审批。施工度汛是指从工程开工到竣工期间由围堰及未完建大坝坝体拦洪或围堰过水及未完建坝体过水,使永久建筑物不受洪水威胁、安全施工。施工度汛包括施工导流初期围堰度汛和后期坝体拦洪度汛。围堰及坝体能否可靠拦洪(或过水)与安全度汛,将关系到工程的建设进度与成败,例如,龙羊峡水电站因拦洪成功而加快了施工步伐。所以施工安全度汛是整个工程施工进度中的一个控制性环节,必须慎重对待。

建筑物度汛包括挡水建筑物和泄水建筑物度汛。挡水建筑物主要包括围堰、大坝(包括溢洪坝、河床式或坝后式电站厂房、升船机坝段等),泄水建筑物主要包括导流隧洞、导流明渠、放空洞、导流底孔、溢洪道、泄洪洞、坝体预留缺口等。

辅助设施主要包括施工营地、场内道路、砂石混凝土系统、存料场、弃渣场、采石场等。

---

① 韦庆辉. 水利水电工程施工技术[M]. 北京:中国水利水电出版社,2014.

（一）坝体拦洪标准

经过多个汛期才能建成的坝体工程,用围堰来挡汛期洪水显然是不经济的,且安全性也未必好,因此,对于不允许淹没基坑的情况,常采用低堰挡枯水、汛期由坝体临时断面拦洪的方案。这样既减少了围堰工程费用,也提高了拦洪度汛标准,只是增加了汛前坝体施工的强度。

坝体拦洪首先需确定拦洪标准,然后确定拦洪高程。坝体施工期临时度汛的洪水标准,应根据坝型和坝体升高后形成的拦洪蓄水库库容确定。

洪水标准确定以后,就可通过调洪演算计算拦洪水位,再考虑安全超高,即可确定坝体临时拦洪高程。

（二）度汛措施

根据施工进度安排,若坝体在汛期到来之前不能达到拦洪高程,这时应根据所采用的导流方法、坝体能否溢流及施工强度,周密细致地考虑度汛措施。对于允许溢流的混凝土坝或浆砌石坝,可采用过水围堰,也可在坝体中预设底孔或缺口,而坝体其余部分填筑到拦洪高程,以保证汛期继续施工。

对于不能过水的土坝、堆石坝可采取下列度汛措施。

1.抢筑坝体临时度汛断面。当用坝体拦洪导致施工强度太大时,可抢筑临时度汛断面,如图2-18所示。但应注意以下几点:第一,断面顶部应有足够的宽度,以便在非常紧急的情况下仍有余地抢筑临时度汛断面;第二,度汛临时断面的边坡稳定安全系数不应低于正常设计标准。为防止坍坡,必要时可采取简单的防冲和排水措施;第三,斜墙坝或心墙坝的防渗体一般不允许采用临时断面;第四,上游护坡应按设计要求筑到拦洪高程,否则应考虑临时的防护措施。

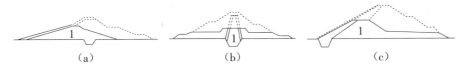

图2-18　临时度汛断面示意图

（a）均质坝;（b）心墙坝;（c）斜墙坝
1临时度汛断面

2.采取未完建(临时)溢洪道溢洪。当采用临时度汛断面仍不能在汛前达到拦洪高程时,则可采用降低溢洪道底槛高程或开挖临时溢洪道溢洪,但要注意防冲措施得当。

(三)度汛失事的后果及原因

由于洪水变化等因素难以精确预测,国内外大坝的施工度汛失事的例子时有发生。一旦发生失事,不仅使部分已建工程冲坏而前功尽弃,而且将导致推迟发电,同时也会给下游的工农业生产和居民的安全带来灾难。

大坝度汛失事原因主要有以下几个方面:第一,超标准洪水的袭击;第二,库区大滑坡产生较大涌浪的冲击;第三,污物或大塌方堵塞泄水建筑物;第四,施工进度拖后,挡水建筑物未按时达到预定的高程;第五,设计和计算失误;第六,施工质量差,产生裂缝、不均匀沉陷、管涌、流土而导致事故;第七,认识不足,或明知有问题而不去解决;第八,地震或其他因素。

二、施工后期水流控制

当导流泄水建筑物完成导流任务,整个工程进入了完建期后,必须有计划地进行封堵,使水库蓄水,以使工程按期受益。

自蓄水之日起至枢纽工程具备设计泄洪能力为止,应按蓄水标准分月计算水库蓄水位,并按规定防洪标准计算汛期水位确定汛前坝体上升高程,确保坝体安全度汛。

施工后期水库蓄水应和导流泄水建筑物封堵统一考虑,并充分分析以下几个条件:①枢纽工程提前受益的要求。②与蓄水有关工程项目的施工进度及导流工程封堵计划。③库区征地、移民和清库的要求。④水文资料、水库库容曲线和水库蓄水历时曲线。⑤要求防洪标准,泄洪与度汛措施及坝体稳定情况。⑥通航、灌溉等下游供水要求。⑦有条件时,应考虑利用围堰挡水受益的可能性。[1]

计算施工期蓄水历时应扣除核定的下游供水流量。蓄水日期按以上要求统一研究确定。

---

①魏松,王慧. 水利水电工程导论[M]. 北京:中国水利水电出版社,2012.

水库蓄水通常采用P=75%～85%的年流量过程线来制定的。从发电、灌溉航运及供水等部门所提出的运用期限要求，反推算出水库开始蓄水的时间，也就是封孔日期，据各时段的来水量与下泄量和用水量之差、水库库容与水位的关系曲线，就可得到水库蓄水计划，即库水位和蓄水历时关系曲线。它是施工后期进行水流控制、安排施工进度的重要依据。

封堵时段确定以后，还需要确定封堵时的施工设计流量，可采用封堵期5～10年重现期的月或旬平均流量，或按实测水文统计资料分析确定。

导流用的临时泄水建筑物，如隧洞、涵管、底孔等，都可利用闸门封孔，常用的封孔门有钢筋混凝土迭梁、钢筋混凝土整体闸门、钢闸门等。

第三章 爆破工程施工技术

第一节 爆破的概念与分类

一、爆破的概念

爆破是炸药爆炸作用于周围介质的结果。埋在介质内的炸药引爆后,在极短的时间内,由固态转变为气态,体积增加数百倍至几千倍,伴随产生极大的压力和冲击力,同时还产生很高的温度,使周围介质受到各种不同程度的破坏,称为爆破。

二、爆破的常用术语

(一)爆破作用圈

1.爆破作用圈。当具有一定质量的球形药包在无限均质介质内部爆炸时,在爆炸作用下,距离药包中心不同区域的介质,由于受到的作用力有所不同,因而产生不同程度的破坏或振动现象。整个被影响的范围就叫作爆破作用圈。这种现象随着与药包中心间的距离增大而逐渐消失,按对介质作用不同可分为以下4个作用圈。

(1)压缩圈。如图3-1所示,图中R_1表示压缩圈半径,在这个作用圈的范围内,介质直接承受了药包爆炸而产生的极其巨大的作用力,因此,如果介质是可塑性的土壤,便会遭到压缩形成孔腔;如果是坚硬的脆性岩石便会被粉碎。所以把R_1这个球形地带叫作压缩圈或破碎圈。

(2)抛掷圈。围绕在压缩圈的范围以外至R_2的地带,其受到的爆破作用力虽较压缩圈的范围较小,但介质原有的结构受到破坏,分裂成为各种尺寸和形状的碎块,而且爆破作用力尚有余力,足以使这些碎块获得能量。如果这个地带的某一部分处在临空的自由面条件下,破坏了的介质碎块便会产生抛掷现象,因而叫作抛掷圈。

（3）松动圈。松动圈又称破坏圈。在抛掷圈以外至 R_3 的地带,爆破的作用力更弱,除了能使介质结构受到不同程度的破坏外,没有余力可以使被破坏的碎块产生抛掷运动,因而叫作破坏圈。工程上为了实用起见,一般还把这个地带被破碎成为独立碎块的一部分叫作松动圈,而把只是形成裂缝、互相间仍然连成整块的一部分叫作裂缝圈或破裂圈。

（4）震动圈。在破坏圈的范围以外,微弱的爆破作用力甚至不能使介质产生破坏。这时,介质只能在应力波的作用下,产生振动现象,这就是图 3-1 中 R_4 所包括的地带,通常叫作震动圈。震动圈以外爆破作用的能量就完全消失了。

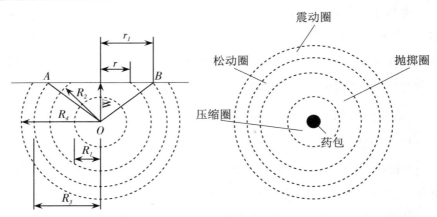

图 3-1　爆破作用圈示意图

2.爆破漏斗。在有限介质中爆破,当药包埋设较浅,爆破后将形成以药包中心为顶点的倒圆锥形爆破坑,称之为爆破漏斗。爆破漏斗的形状多种多样,随着岩土性质、炸药品种性能和药包大小及药包埋置深度等不同而变化。具体如图 3-2 所示。

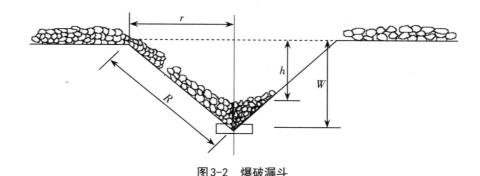

图3-2　爆破漏斗

r爆破漏斗半径;R爆破作用半径;w最小抵抗线;h漏斗可见深度

3.最小抵抗线。由药包中心至自由面的最短距离。如图3-2中的W。

4.爆破漏斗半径。爆破漏斗半径即在介质自由面上的爆破漏斗半径,如图3-2中的r。

5.爆破作用指数。爆破作用指数指爆破漏斗半径r与最小抵抗线W的比值。即 $n = \dfrac{r}{W}$。

爆破作用指数的大小可判断爆破作用性质及岩石抛掷的远近程度,也是计算约包重、决定漏斗大小和药包距离的重要参数。一般用n来区分不同爆破漏斗,划分不同爆破类型。当n=1.0时,称为标准抛掷爆破;当n>1.0时,称为加强抛掷爆破;当0.75<n<1.0时,称为减弱抛掷爆破;当0.33<n≤0.75时,称为松动爆破;当n≤0.33时,称为药壶爆破或隐藏式爆破。

6.可见漏斗深度h。经过爆破后所形成的沟槽深度叫作可见漏斗深度,如图3-2中的h。它与爆破作用指数大小、炸药的性质、药包的排数、爆破介质的物理性质和地面坡度有关。

7.自由面。自由面又称临空面,指被爆破介质与空气或水的接触面。在同等条件下,临空面越多,炸药用量越小,爆破效果越好。

8.二次爆破。二次爆破指大块岩石的二次破碎爆破。

9.破碎度。破碎度指爆破岩石的块度或块度分布。

10.单位耗药量。单位耗药量指爆破单位体积岩石的炸药消耗量。

11.炸药换算系数。炸药换算系数 e 指某炸药的爆炸力 F 与标准炸药爆炸力之比(目前以2号岩石铵梯炸药为标准炸药)。

三、药包及其装药量计算

1.药包。为了爆破某一物体而在其中放置一定数量的炸药,称为药包。药包的分类及使用如表3-1所示。

表3-1 药包的分类及使用

分类名称	药包形状	作用效果
集中药包	长边小于短边4倍	爆破效率高,省炸药和减少钻孔工作量,但破碎岩石块度不够均匀。多用于抛掷爆破
延长药包	长边超过短边4倍。延长药包又有连续药包和间隔药包两种形式	可均匀分布炸药,破碎岩石块度较均匀。一般用于松动爆破

2.装药量计算。爆破工程中的炸药用量计算,是一个十分复杂的问题,影响因素较多。相关实践证明,炸药的用量是与被破碎的介质体积成正比的。而被破碎的单位体积介质的炸药用量,其最基本的影响因素又与介质的硬度有关。目前,由于还不能较精确的计算出各种复杂情况下的相应用药量,所以一般都是根据现场试验方法,大致得出爆破单位体积介质所需的用药量,然后再按照爆破漏斗体积计算出每个药包的装药量。

药包药量的基本计算公式是 $Q = KV$。式中 K 为爆破单位体积岩石的耗药量,简称单位耗药量,单位为千克/立方米;V 为标准抛掷漏斗内的岩石体积,单位为立方米。

需要注意的是,单位耗药量 K 值的确定,应考虑多方面的因素,经综合分析后定出。其中 $V = \dfrac{\pi}{3}W^3$。故标准抛掷爆破药包药量计算公式可以写为 $Q = KW^3$。对于加强抛掷爆破,计算公式为 $Q = (0.4 + 0.6n^3)KW^3$;对于减弱抛掷爆破,计算公式为 $Q = (\dfrac{4 + 3n}{7})^3 KW^3$;对于松动爆破,计算公式为 $Q = 0.33KW^3$。式中 Q 为药包重量,单位为千克;W 为最小抵抗线,单位为米;n 为爆破作用指数。[①]

---

①徐颖, 孟益平, 吴德义. 爆破工程[M]. 武汉:武汉大学出版社,2014.

四、爆破的分类

爆破可按爆破规模、凿岩情况、要求等不同进行分类。

按爆破规模分,爆破可分为小爆破、中爆破、大爆破;按凿岩情况分,爆破可分为浅孔爆破、深孔爆破、药壶爆破、洞室爆破、二次爆破;按爆破要求分,爆破可分为松动爆破、减弱抛掷爆破、标准抛掷爆破、加强抛掷爆破及定向爆破、光面爆破、预裂爆破、特殊物爆破(冻土、冰块等)。

第二节 爆破的材料

一、炸药

(一)炸药的基本性能

1.威力。炸药的威力用炸药的爆力和猛度来表征。

爆力是指炸药在介质内爆炸做功的总能力。爆力的大小取决于炸药爆炸后产生的爆热、爆温及爆炸生成气体量的多少。爆热越大,爆温则越高,爆炸生成的气体量也就越多,形成的爆力也就越大。

猛度是指炸药爆炸时对介质破坏的猛烈程度,是衡量炸药对介质局部破坏的能力指标。

爆力和猛度都是炸药爆炸后做功的表现形式,所不同的是爆力是反映炸药在爆炸后做功的总量,对药包周围介质破坏的范围。而猛度则是反映炸药在爆炸时,生成的高压气体对药包周围介质粉碎破坏的程度以及局部破坏的能力。一般而言,爆力大的炸药其猛度也大,但两者并不成线性比例关系。对一定量的炸药,爆力越高,炸除的体积越多;猛度越大,爆后的岩块越小。

2.爆速。爆速是指爆炸时爆炸波沿炸药内部传播的速度。爆速测定方法有导爆索法、电测法和高速摄影法。

3.殉爆。炸药爆炸时引起与它不相接触的邻近炸药爆炸的现象叫殉爆。殉爆反映了炸药对冲击波的感度。主发药包的爆炸引爆被发药包爆炸的最大距离称为殉爆距离。

4.感度。感度又称敏感度,是炸药在外能作用下起爆的难易程度,它不仅是衡量炸药稳定性的重要标志,而且还是确定炸药的生产工艺条件、炸药的使用方法和选择起爆器材的重要依据。不同的炸药在同一外能作用下起爆的难易程度是不同的,起爆某炸药所需的外能小,则该炸药的感度高;起爆某炸药所需的外能高,则该炸药的感度低。炸药的感度对于炸药的制造加工、运输、贮存、使用的安全十分重要。感度过高的炸药容易发生爆炸事故,而感度过低的炸药又给起爆带来困难。工业上大量使用的炸药一般对热能、撞击和摩擦作用的感度都较低,通常要靠起爆能来起爆。[①]

5.炸药的安定性。炸药的安定性指炸药在长期贮存中,保持原有物理化学性质的能力。

(1)物理安定性。物理安定性主要是指炸药的吸湿性、挥发性、可塑性、机械强度、结块、老化、冻结、收缩等一系列物理性质。物理安定性的大小取决于炸药的物理性质。如在保管使用硝化甘油类炸药时,由于炸药易挥发收缩、渗油、老化和冻结等导致炸药变质,严重影响保管和使用的安全性及爆炸性能。铵油炸药和矿岩石硝铵炸药易吸湿、结块,导致炸药变质严重,影响使用效果。

(2)化学安定性。化学安定性取决于炸药的化学性质及常温下化学分解速度的快慢,特别是取决于贮存温度的高低。有的炸药要求储存条件较高,如5号浆状炸药要求不会导致硝酸铵重结晶的库房温度是20～30℃,而且要求通风良好。炸药有效期取决于安定性。贮存环境温度、湿度及通风条件等对炸药实际有效期影响巨大。

6.氧平衡。氧平衡是指炸药在爆炸分解时的氧化情况。根据炸药成分的配比不同,氧平衡具有以下3种情况。

(1)零氧平衡。炸药中的氧元素含量与可燃物完全氧化的需氧量相等,此时可燃物完全氧化,生成的热量大则爆能也大。零氧平衡是较为理想的氧平衡,炸药在爆炸反应后仅生成稳定的二氧化碳、水和氮气,并

---

①张正宇.现代水利水电工程爆破[M].北京:中国水利水电出版社,2003.

产生大量的热能。如单体炸药二硝化乙二醇的爆炸反应就是零氧平衡反应。

（2）正氧平衡。炸药中的氧元素含量过多，在完全氧化可燃物后还有剩余的氧元素，这些剩余的氧元素与氮元素进行二次氧化，生成二氧化氮等有毒气体。这种二次氧化是一种吸收爆热的过程，它将降低炸药的爆力。如纯硝酸铵炸药的爆炸反应属正氧平衡反应。

（3）负氧平衡。炸药中氧元素含量不足，可燃物因缺氧而不能完全氧化而产生有毒气体一氧化碳，也正是由于氧元素含量不足而出现多余的碳元素，爆炸生成物中的一氧化碳因缺少氧元素而不能充分氧化成氧气。如三硝基甲苯（锑恩锑）的爆炸反应就属于负氧平衡反应。

由以上3种情况可知，零氧平衡的炸药其爆炸效果最好，所以一般要求厂家生产的工业炸药力求零氧平衡或微量正氧平衡，避免负氧平衡。

（二）工程炸药的种类、品种及性能

1.炸药的分类。炸药按组成可分为化合炸药和混合炸药；按爆炸特性分类有起爆药、猛炸药和火药；按使用部门分类有工业炸药和军用炸药。在工程爆破中，用来直接爆破介质的炸药（猛炸药）几乎都是混合炸药，因为混合炸药可按工程的不同需要而配制。它们具有一定的威力，较敏感，一般需用8号雷管起爆。

2.常用炸药。在我国水利水电工程中，常用的炸药有铵锑炸药、铵油炸药和乳化炸药三种。

（1）铵锑炸药。铵锑炸药是硝铵类炸药的一种，主要成分为硝酸铵和少量的锑恩锑（三硝基甲苯）及少量的木粉。硝酸铵是铵锑炸药的主要成分，其性能对炸药影响较大；锑恩锑是单质烈性炸药，具有较高的敏感度，加入少量的锑恩锑成分，能使铵锑炸药具有一定程度的威力和敏感度。铵锑炸药的摩擦、撞击感度较低，故较安全。

在工程爆破中，以2号岩石铵梯炸药为标准炸药，由硝酸铵85%、锑恩锑11%、木粉4%并加少量植物油混合而成，用工业雷管可以顺利起爆。在使用其他种类的炸药时，其爆破装药用量可用2号岩石铵锑炸药的爆力和猛度进行换算。

（2）铵油炸药。其主要成分是硝酸铵、柴油和木粉。由于不含锑恩锑而敏感度稍差，但材料来源广、价格低、使用安全、易加工配制。铵油炸药的爆破效果较好，在中硬岩石的开挖爆破和大爆破中常被采用。其贮存期仅为 7~15 天，一般是在工地配药即用。

（3）乳化炸药。乳化炸药以氧化剂（主要是硝酸铵）水溶液与油类经乳化而成的油包水型乳胶体作爆炸性基质，再加以敏化剂、稳定剂等添加剂而成为一种乳脂状炸药。

乳化炸药与铵锑炸药比较，其突出优点是抗水。两者成本接近，但乳化炸药猛度较高，临界直径较小，仅爆力略低。

二、起爆器材

起爆材料包括雷管、导火索和传爆线等。

炸药的爆炸是利用起爆器材提供的爆轰能并辅以一定的工艺方法来起爆的，这种起爆能量的大小将直接影响到炸药爆轰的传递效果。当起爆能量不足时，炸药的爆轰过程属不稳定的传爆，且传爆速度低，在传爆过程中因得不到足够的爆轰能的补充，爆轰波将迅速衰减到爆轰终止，部分炸药拒爆。因此，用于雷管和传爆线中的起爆炸药敏感度高，极易被较小的外能引爆；引爆炸药的爆炸反应快，可在被引爆后的瞬间达到稳定的爆速，为炸药爆炸提供理想爆轰的外能。

（一）雷管

雷管是一种用于起爆炸药或传爆线（导爆索）的材料，是由诺贝尔于 1865 年发明的。按接受外能起爆的方式来划分，雷管可分为火雷管和电雷管两种。

1.火雷管。火雷管即普通雷管，由管壳、正副起爆药和加强帽 3 部分组成，如图 3-3 所示。管壳材料有铜、铝、纸、塑料等。上端开口，中段设加强帽，中有小孔，副起爆药压于管底，正起爆药压在上部。在管沟开口一端插入导火索，引爆后，火焰使正起爆药爆炸，最后引起副起爆药爆炸。

根据管内起爆药量的多少，可分为 1~10 个号码，常用的为 6 号、8 号。火雷管具有结构简单，生产效率高，使用方便、灵活，价格便宜，不受各种杂电、静电及感应电的干扰等优点。但由于导火索在传递火焰时，难以避免速燃、缓燃等致命弱点，在使用过程中爆破事故多，因此使用范围和使用量受到极大限制。

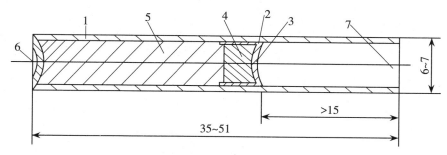

图 3-3　火雷管构造（单位：毫米）

1 管壳；2 加强帽；3 中心孔；4 正起爆药；5 副起爆药；6 聚能穴；7 开口端

2．电雷管。电雷管按起爆时间不同可分为 3 种。

（1）瞬发电雷管。通电后瞬即爆炸的电雷管，它实际上是由火雷管和 1 个发火元件组成，其结构如图 3-4 所示。当接通电源后，电流通过桥丝发热，使引火药头发火，导致整个雷管爆轰。

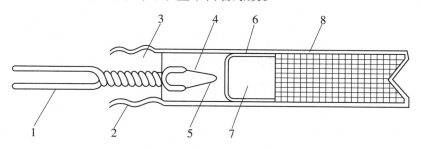

图 3-4　瞬发电雷管示意图

1 脚线；2 管壳；3 密封塞；4 桥丝；5 引火头；6 加强帽；7 正起爆炸药；8 副起爆炸药

（2）秒延发电雷管。通电后能延迟 1 秒的时间才起爆的电雷管。秒延发电雷管和瞬发电雷管的区别仅在于引火头与正起爆炸药之间安置了缓燃物质，如图 3-5（a）所示。通常是用一小段精制的导火索作为延发物。

（3）毫秒电雷管。它的构造与秒延期电雷管的差异仅在于延期药不同，如图 3-5（b）所示。毫秒电雷管的延期药是用极易燃的硅铁和铅丹混合而成,再加入适量的硫化锑以调整药剂的燃烧程度,使延发时间准确。它的段数很多,工程常用的多为20段系列的毫秒电雷管。

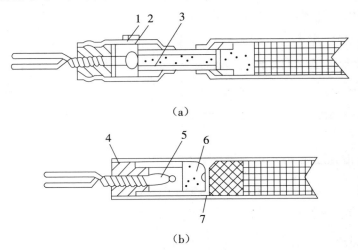

（a）

（b）

图3-5　电雷管示意图

(a)秒延发电雷管;(b)毫秒电雷管
1蜡纸;2排气孔;3精制导火索;4塑料塞;5延期雷管;6延期药;7加强帽

（二）导火线

1.导火索。导火索是用来起爆火雷管和黑火药的起爆材料。用于一般爆破工程,不宜用于有瓦斯或矿尘爆炸危险的作业面。它是用黑火药做芯药,用麻、棉纱和纸作包皮,外面涂有沥青、油脂等防潮剂。

导火索的燃烧速度有两种,正常燃烧速度为100～120秒/米,缓燃速度为180～210秒/米。喷火强度不低于50毫米。

国产导火索每盘长250米,耐水性一般不低于2小时,直径5～6毫米。

2.导电线。导电线是起爆电雷管的配套材料。

3.导爆索。导爆索又称传爆线,以强度大、爆速高的烈性黑索金作为药芯,以棉线、纸条为包缠物,并涂以防潮剂,表面涂以红色,索头涂有防潮剂,必须用雷管起爆。其品种有普通、抗水、高能和低能4种。普通导爆索有一定的抗水性能,可直接起爆常用的工业炸药。水利水电工程中多用此类导爆索。

4.导爆管。导爆管是由透明塑料制成的一种非电起爆系统,并可用雷管、击发枪或导爆索起爆。管的外径为3毫米,内径为1.5毫米,管的内壁涂有一层薄薄的炸药,装药量为(20±2)毫克/米,引爆后能以(1950±50)米/秒的稳定爆速传爆。导爆管的传爆能力很强,即使在导爆管上打许多结并用力拉紧,爆轰波仍能正常传播;管内壁断药长度达25厘米时,也能将爆轰波稳定地传下去。

导爆管的传爆速度为1600～2000米/秒。根据试验资料,若排列与绑扎可靠,一个8号雷管可激发50根导爆管。但为了保证可靠传爆,一般用两个雷管引爆30～40根导爆管。

第三节 爆破的方法与施工

一、起爆的方法

(一)火花起爆

火花起爆是用导火索和火雷管起爆炸药。它是一种最早使用的起爆方法。但由于受到安全性、爆破规模及爆破延迟等方面的限制,目前仅用于大块石解炮或小规模的边坡修整爆破等。

将剪截好的导火索插入火雷管插索腔内,制成起爆雷管,再将其放入药卷内成为起爆药卷,而后将起爆药卷放入药包内。导火索一般可用点火线、点火棒或自制导火索段点火。导火索长度应保证点火人员安全,且不得短于1.2米。

(二)电力起爆法

电力起爆法就是利用电能引爆电雷管进而起爆炸药的起爆方法,它所需的起爆器材有电雷管、导线和起爆源等。电力起爆法可以同时起爆多个药包,可间隔延期起爆,安全可靠。但是操作较复杂,准备工作量大,需较多电线,需具备一定的检查仪表和电源设备。适用于大中型重要的爆破工程。

电力起爆网路主要由电源、电线、电雷管等组成。

1.起爆电源。电力起爆的电源可用普通照明电源或动力电源,最好是使用专线。当缺乏电源而爆破规模又较小、起爆的雷管数量不多时,也可用干电池或蓄电池组合使用。另外还可以使用电容式起爆电源,即发爆器起爆。国产的发爆器有10发、30发、50发和100发等几种型号,最大一次可起爆100个以内串联的电雷管,十分方便。但因其电流很小,故不能起爆并联雷管。常用的形式有DF-100型、FR81-25型、FR81-50型。

2.导线。电爆网路中的导线一般采用绝缘良好的铜线和铝线。在大型电爆网络中,常用的导线按其位置和作用可划分为端线、连接线、区域线和主线。端线用来加长电雷管脚线,使之能引出孔口或洞室之外。端线通常采用断面为0.2~0.4平方毫米的铜芯塑料皮软线。连接线是用来连接相邻炮孔或药室的导线,通常采用断面为1~4平方毫米的铜芯或铝芯线。主线是连接区域线与电源的导线,常用断面为16~150平方毫米的铜芯或铝芯线。

(三)导爆索起爆法

用导爆索爆炸产生的能量直接引爆药包的起爆方法。这种起爆方法所用的起爆器材有雷管、导爆索、继爆管等。

导爆索起爆法的优点是导爆速度高,可同时起爆多个药包,准爆性好;连接形式简单,无复杂的操作技术;在药包中不需要放雷管,故装药、堵塞时都比较安全。缺点是成本高,不能用仪表来检查爆破线路的好坏。适用于瞬时起爆多个药包的炮孔、深孔或洞室爆破。

导爆索起爆网络的连接方式有并簇联和分段并联两种。

(1)并簇联。并簇联是将所有炮孔中引出的支导爆索的末端捆扎成一束或几束,然后再与一根主导爆索相连接,如图3-7所示。这种方法同爆性好,但导爆索的消耗量较大,一般用于炮孔数不多又较集中的爆破中。

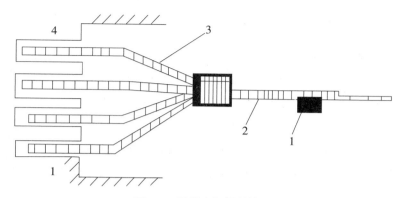

图3-7 导爆索起爆并簇联

1雷管；2主线；3支线；4药室

（2）分段并联法。分段并联法是在炮孔或药室外敷设一条主导爆索，将各炮孔或药室中引出的支导爆索分别依次与主导爆索相连，如图3-8所示。分段并联法网络，导爆索消耗量小，适应性强，在网络的适当位置装上继爆管，可以实现毫秒微差爆破。

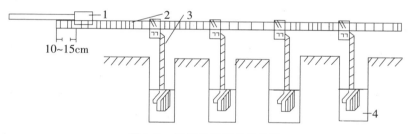

图3-8 导爆索起爆分段并联

1雷管；2主线；3支线；4药室

（四）导爆管起爆法

导爆管起爆法是利用塑料导爆管来传递冲击波引爆雷管，然后使药包爆炸的一种新式起爆方法。导爆管起爆法与电力起爆法的共同点是可以对群药包一次赋能起爆，并能基本满足准爆、齐爆的要求。两者的不同点在于导爆管网路不受外电场干扰，比电爆网路安全；导爆管网路无法进行准爆性检测，这一点是不及电力网路可靠的。它适用于露天、井下、深水、杂散电流大和一次起爆多个药包的微差爆破作业中进行瞬发或秒延期爆破。

二、爆破施工

(一)爆破的基本方法

1.裸露爆破法。裸露爆破法又称表面爆破法,系将药包直接放置于岩石的表面进行爆破。药包放在块石或孤石的中部凹槽或裂隙部位,体积大于1立方米的块石,药包可分数处放置,或在块石上打浅孔或浅穴破碎。为提高爆破效果,表面药包底部可做成集中爆力穴,药包上护以草皮或是泥土、沙子,其厚度应大于药包高度或以粉状炸药敷30厘米厚。用电雷管或导爆索起爆。

不需钻孔设备,操作简单迅速,但炸药消耗量大(比炮孔法多3~5倍),破碎岩石飞散较远。适于地面上大块岩石、大孤石的二次破碎及树根、水下岩石与改建工程的爆破。

2.浅孔爆破法。浅孔爆破法系在岩石上钻直径25~50毫米、深0.5~5米的圆柱形炮孔,装延长药包进行爆破。

炮孔直径通常用35毫米、42毫米、45毫米、50毫米几种。为使有较多临空面,常按阶梯型爆破使炮孔方向尽量与临空面成30°~45°角。炮孔深度L的参数为:对坚硬岩石,L=(1.1~1.5H);对中硬岩石,L=H;对松软岩石,L=(0.85~0.95)H(H为爆破层厚度)。最小抵抗线W=(0.6~0.8)H;炮孔间距a=(1.4~2.0)W(火雷管起爆时)或a=(0.8~2.0)W(电力起爆时)。如图3-9所示,炮孔布置一般为交错梅花形,依次逐排起爆,炮孔排距b=(0.8~1.2)W;同时,起爆多个炮孔应采用电力起爆或导爆索起爆。

浅孔爆破法不需复杂钻孔设备;施工操作简单,容易掌握;炸药消耗量少,飞石距离较近,岩石破碎均匀,便于控制开挖面的形状和尺寸,可在各种复杂条件下施工,因而在爆破作业中被广泛采用。但其爆破量较小,效率低,钻孔工作量大,适于各种地形和施工现场比较狭窄的工作面上作业,如基坑、管沟、渠道、隧洞爆破,也可用于平整边坡、开采岩石、松动冻土以及改建工程拆除控制爆破。

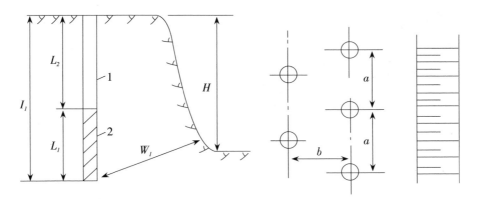

图3-9 浅孔法阶梯开挖布置

1堵塞物;2药包
L_1装药深度;L_2堵塞深度;L炮孔深度

3.深孔爆破法。深孔爆破法系将药包放在直径75～270毫米、深5～30米的圆柱形深孔中爆破。爆破前宜先将地面爆成倾角大于55°的阶梯形,作垂直、水平或倾斜的炮孔。钻孔用轻、中型露天潜孔钻。爆破参数为:h=(0.1～0.15)H,a=(0.8～1.2)W,b=(0.7～1.0)W。

装药采用分段或连续。爆破时,边排先起爆,后排依次起爆。如图3-10所示。

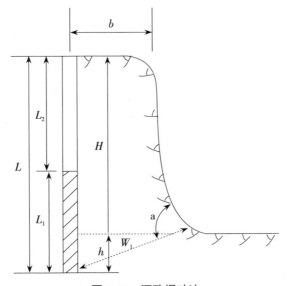

图3-10 深孔爆破法

深孔爆破法单位岩石体积的钻孔量少,耗药量少,生产效率高。一次爆落石方量多,操作机械化,可减轻劳动强度。适用于料场、深基坑的松爆,场地整平以及高阶梯中型爆破各种岩石。

4.药壶爆破法。药壶爆破法又称葫芦炮、坛子炮,系在炮孔底先放入少量的炸药,经过一次至数次爆破,扩大成近似圆球形的药壶,然后装入一定数量的炸药进行爆破。如图3-11所示。

爆破前,地形宜先造成较多的临空面,最好是立崖和台阶。

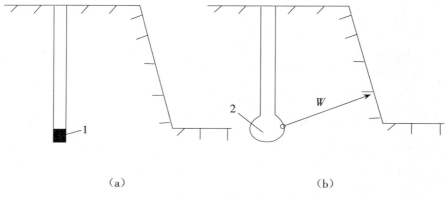

（a）   （b）

图3-11　药壶爆破法

（a）装少量炸药的炸药壶;（b)构成的药壶
1 药包;2 药壶

一般取 $W=(0.5 \sim 0.8)H$, $a=(0.8 \sim 1.2)W$, $b=(0.8 \sim 2.0)W$,堵塞长度为炮孔深的 $0.5 \sim 0.9$ 倍。

每次爆扩药壶后,须间隔 $20 \sim 30$ 分钟。扩大药壶用小木柄铁勺掏渣或用风管通入压缩空气吹出。当土质为黏土时,可以压缩,不需出渣。药壶爆破法一般宜与炮孔法配合使用,以提高爆破效果。

药壶爆破法一般宜用电力起爆,并应敷设两套爆破路线;如用火花起爆,当药壶深在 $3 \sim 6$ 米,应设两个火雷管同时点爆。药壶爆破法可减少钻孔工作量,可多装药,炮孔较深时,将延长药包变为集中药包,大大提高爆破效果。但扩大药壶时间较长,操作较复杂,破碎的岩石块度不够均匀,对坚硬岩石扩大药壶较困难,不能使用。适用于露天爆破阶梯高度 $3 \sim 8$ 米的软岩石和中等坚硬岩层;坚硬或节理发育的岩层不宜采用。

5.洞室爆破法。洞室爆破又称大爆破,其炸药装入专门开挖的洞室内,洞室与地表则以导洞相连。一个洞室爆破往往有数个、数十个药包,装药总量可高达数百、数千乃至逾万吨。

在水利水电工程施工中,坝基开挖不宜采用洞室爆破。洞室爆破主要用于定向爆破筑坝,当条件合适时,也可用于料场开挖和定向爆破堆石截流。

(二)爆破施工的过程

在水利工程施工中,一般多采用炮眼法爆破。其施工程序大体为:炮孔位置选择、钻孔、制作起爆药包、装药与堵塞、起爆等。

1.炮孔位置的选择。选择炮孔位置时应注意以下几点:第一,炮孔方向尽量不要与最小抵抗线方向重合,以免产生冲天炮;第二,充分利用地形或利用其他方法增加爆破的临空面,提高爆破效果;第三,炮孔应尽量垂直于岩石的层面、节理与裂隙,且不要穿过较宽的裂缝以免漏气。

2.钻孔。钻孔主要包括人工打眼、风钻打眼和潜孔钻三种。人工打眼仅适用于钻设浅孔。人工打眼有单人打眼、双人打眼等方法。打眼的工具有钢杆、铁锤和掏勺等。风钻是风动冲击式凿岩机的简称,在水利工程中使用得最多。风钻按其应用条件及架持方法,可分为手持式、柱架式和伸缩式等。风钻用空心钻钎送入压缩空气将孔底凿碎的岩粉吹出,叫作干钻;用压力水将岩粉冲出叫作湿钻。国家规定,地下作业必须使用湿钻以减少粉尘,保护工人身体健康。潜孔钻是一种回转冲击式钻孔设备,其工作机构(冲击器)直接潜入炮孔内进行凿岩,故名潜孔钻。潜孔钻是先进的钻孔设备,它的工效高,构造简单,在大型水利工程中被广泛采用。

3.制作起爆药包。

(1)火线雷管的制作。将导火索和火雷管联结在一起,叫火线雷管。制作火线雷管应在专用房间内,禁止在炸药库、住宅、爆破工点进行。制作的步骤如下:第一,检查雷管和导火索;第二,按照需要长度,用锋利小刀切齐导火索,最短导火索不应少于60厘米;第三,把导火索插入雷管,直到接触火帽为止,不要猛插和转动;第四,用铰钳夹夹紧雷管口(距管口5毫米以内），如图3-12所示。固定时，应使该钳夹的侧面与雷管口相平。如无铰钳夹，可用胶布包裹。严禁用嘴咬；第五，在接合部包上胶布防潮。当火线雷管不马上使用时，导火索点火的一端也应包上胶布。

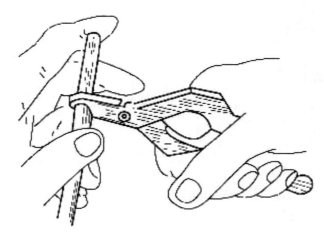

图3-12　火线雷管制作

（2）电雷管检查。对于电雷管，应先作外观检查，把有擦痕、生锈、铜绿、裂隙或其他损坏的雷管剔除，再用爆破电桥或小型欧姆计进行电阻及稳定性检查。为了保证安全，测定电雷管的仪表输出电流不得超过50毫安。如发现有不导电的情况，应作为不良的电雷管处理。然后把电阻相同或电阻差不超过0.25欧姆的电雷管放置在一起，以备装药时串联在一条起爆网路上。

（3）制作起爆药包。起爆药包只许在爆破工点于装药前制作该次所需的数量，不得先做成成品备用。制作好的起爆药包应小心妥善保管，不得震动，亦不得抽出雷管。

制作起爆药包的步骤包括：第一，解开药筒一端；第二，用木棍（直径5毫米，长10～12厘米）轻轻地插入药筒中央，然后抽出，并将雷管插入孔内；第三，控制雷管插入深度，对于易燃的硝化甘油炸药，将雷管全部插入即可，其他不易燃的炸药，雷管应埋在接近药筒的中部；第四，收拢包皮纸用绳子扎起来，如用于潮湿处则加以防潮处置，防潮时防水剂的温度不超过60℃。如图3-13所示。

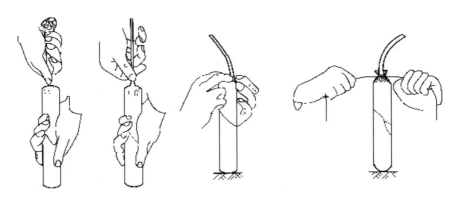

图3-13　起爆药包制作

4.装药、堵塞及起爆。

（1）装药。在装药前,首先了解炮孔的深度、间距、排距等,由此决定装药量。根据孔中是否有水决定药包的种类或炸药的种类,同时还要清除炮孔内的岩粉和水分。在干孔内可装散药或药卷。在装药前,先用硬纸或铁皮在炮孔底部架空,形成聚能药包。炸药要分层用木棍压实,雷管的聚能穴指向孔底,雷管装在炸药全长的中部偏上处。在有水炮孔中装吸湿炸药时,注意不要将防水包装捣破,以免炸药受潮而拒爆。当孔深较大时,药包要用绳子吊下,不允许直接向孔内抛投,以免发生爆炸危险。

（2）堵塞。装药后即进行堵塞。对堵塞材料的要求是与炮孔壁摩擦作用大,材料本身能结成一个整体,充填时易于密实,不漏气。可用1:2的黏土粗砂堵塞,堵塞物要分层用木棍压实。在堵塞过程中,要注意不要将导火线折断或破坏导线的绝缘层。

上述工序完成后即可进行起爆。

第四节　控制爆破

一、定向爆破

定向爆破是一种加强抛掷爆破技术,它利用炸药爆炸能量的作用,在一定的条件下,可使一定数量的土岩经破碎后,按预定的方向,抛掷到预定的地点,达到形成具有一定质量和形状的建筑物或开挖成一定断面的渠道的目的。

在水利水电建设中,可以用定向爆破技术修筑土石坝、围堰、截流戗堤以及开挖渠道、溢洪道等。在一定条件下,采用定向爆破方法修建上述建筑物,较之用常规方法可缩短施工工期、节约劳力和资金。

定向爆破主要是使抛掷爆破最小抵抗线方向符合预定的抛掷方向,并且在最小抵抗线方向事先造成定向坑,利用空穴聚能效应,集中抛掷,这是保证定向的主要手段。造成定向坑的方法,在大多数情况下,都是利用辅助药包,让它在主药包起爆前先爆,形成一个起走向坑作用的爆破漏斗。如果地形有天然的凹面可以利用,也可不用辅助药包。

用定向爆破堆筑堆石坝,如图3-14(a)所示,药包设在坝顶高程以上的岸坡上。根据地形情况,可从一岸爆破或两岸爆破。定向爆破开挖渠道,如图3-14(b)所示,在渠底埋设边行药包和主药包。边行药包先起爆,主药包的最小抵抗线就指向两边,在两边岩石尚未下落时,起爆主药包,中间岩体就连同原两边爆起的岩石一起抛向两岸。

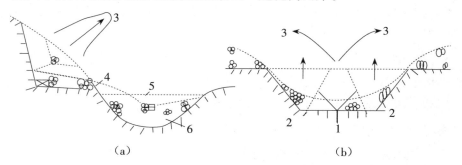

图3-14　定向爆破筑坝挖渠示意图

(a)筑坝;(b)挖渠
1主药包;2边行药包;3抛掷方向;4堆积体;5筑坝;6河床;7辅助药包

二、预裂爆破

进行石方开挖时,在主爆区爆破之前沿设计轮廓线先爆出一条具有一定宽度的贯穿裂缝,以缓冲、反射开挖爆破的振动波,控制其对保留岩体的破坏影响,使之获得较平整的开挖轮廓,此种爆破技术为预裂爆破。在水利水电工程施工中,预裂爆破不仅在垂直、倾斜开挖壁面上得到广泛应用,在规则的曲面、扭曲面以及水平建基面等也采用预裂爆破。

预裂爆破的要求有以下几项:第一,预裂缝要贯通且在地表有一定开裂宽度。对于中等坚硬岩石,缝宽不宜小于1.0厘米;坚硬岩石的缝宽应达到0.5厘米;但在松软岩石上,缝宽在1.0厘米以上时,减振作用并未显著提高,应多做些现场试验,以利总结经验。如图3-15所示。第二,预裂面开挖后的不平整度不宜大于15厘米。预裂面不平整度通常是指预裂孔所形成的预裂面的凹凸程度,它是衡量钻孔和爆破参数合理性的重要指标,可依此验证、调整设计数据。第三,预裂面上的炮孔痕迹保留率应不低于80%,且炮孔附近岩石不出现严重的爆破裂隙。

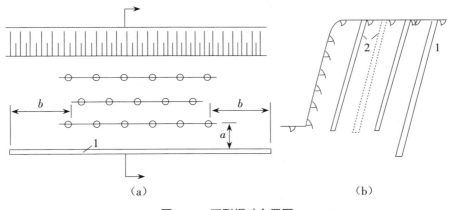

图3-15 预裂爆破布置图

(a)平面图;(b)剖面图
1预裂缝;2爆破孔

预裂爆破主要的技术措施有以下几点:第一,炮孔直径一般为50~200毫米,对深孔宜采用较大的孔径。第二,炮孔间距宜为孔径的8~12倍,坚硬岩石取小值。第三,不耦合系数(炮孔直径d与药卷直径d_0的比值)建议取2~4,坚硬岩石取小值。第四,线装药密度一般取250~400克/米。第五,药包结构形式,目前较多的是将药卷分散绑扎在传爆线上,如图3-16所示。分散药卷的相邻间距不宜大于50厘米,同时不大于药卷的殉爆距离。考虑到孔底的夹制作用较大,底部药包应加强,为线装药密度的2~5倍。第六,装药时距孔口1米左右的深度内不要装药,可用粗砂填塞,不必捣实。填塞段过短,容易形成漏斗,过长则不能出现裂缝。

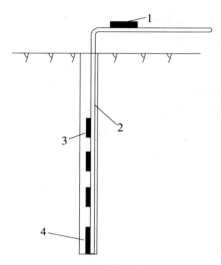

图 3-16 预裂爆破装药结构图

1雷管;2导爆索;3药包;4底部加强药包

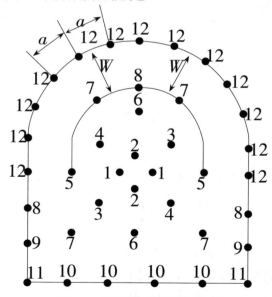

图 3-17 光面爆破洞挖布孔图

1~12炮孔孔段编号

三、光面爆破

光面爆破也是控制开挖轮廓的爆破方法之一,如图3-17所示。它与预裂爆破的不同之处在于,光面爆孔的爆破是在开挖主爆孔的药包爆破之后进行的。它可以使爆裂面光滑平顺,超欠挖均很少,能近似形成设计轮廓要求的爆破。光面爆破一般多用于地下工程的开挖,露天开挖工程中用得比较少,只是在一些有特殊要求或者条件有利的地方使用。

光面爆破的要领是孔径小、孔距密、装药少、同时爆。

光面爆破主要参数的确定:炮孔直径宜在50毫米以下;最小抵抗线W通常采用1~3米,或用W=(7~20)D计算;炮孔间距a=(0.6~0.8)W;单孔装药量用线装药密度Q_x表示,即$Q_x = k_a W$。式中D为炮孔直径;k为单位耗药量。

四、岩塞爆破

岩塞爆破系一种水下控制爆破。在已建成的水库或天然湖泊内取水发电、灌溉、供水或泄洪时,为修建隧洞的取水工程,避免在深水中建造围堰,采用岩塞爆破是一种经济而有效的方法。它的施工特点是先从引水隧洞出口开挖,直到掌子面到达库底或湖底邻近,然后预留一定厚度的岩塞,待隧洞和进口控制闸门井全部建完后,一次将岩塞炸除,使隧洞和水库连通。岩塞布置如图3-18所示。

岩塞的布置应根据隧洞的使用要求、地形、地质因素来确定。岩塞宜选在覆盖层薄、岩石坚硬完整且层面与进口中线交角大的部位,特别应避开节理、裂隙、构造发育的部位。岩塞的开口尺寸应满足进水流量的要求。岩塞厚度应为开口直径的1~1.5倍。太厚难于一次爆通,太薄则不安全。[1]

---

①郑霞忠,朱忠荣.水利水电工程质量管理与控制[M].北京:中国电力出版社,2011.

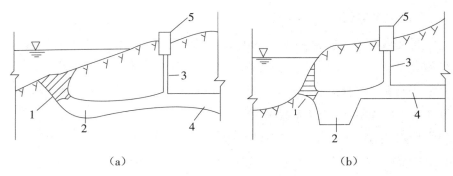

图 3-18 岩塞爆破布置图

（a）设缓冲坑；（b）设集渣坑
1 岩塞；2 集渣坑；3 闸门井；4 引水隧洞；5 操纵室

水下岩塞爆破装药量计算，应考虑岩塞上静水压力的阻抗，用药量应比常规抛掷爆破药量增大 20% ~ 30%。为了控制进口形状，岩塞周边采用预裂爆破以减震防裂。

五、微差控制爆破

微差控制爆破是一种应用特制的毫秒延期雷管，以毫秒级时差顺序起爆各个（组）药包的爆破技术。其原理是把普通齐发爆破的总炸药能量分割为多数较小的能量，采取合理的装药结构，最佳的微差间隔时间和起爆顺序，为每个药包创造多面临空条件，将齐发大量药包产生的地震波变成一长串小幅值的地震波，同时，各药包产生的地震波相互干涉，从而降低地震效应，把爆破震动控制在给定水平之下，爆破布孔和起爆顺序有成排顺序式、排内间隔式（又称 V 形式）、对角式、波浪式、径向式等，如图 3-19 所示。在由它组合变换成的其他形式中，以对角式效果最好，成排顺序式最差。采用对角式时，应使实际孔距与抵抗线比大于 2.5，对软石可为 6 ~ 8；相同段爆破孔数根据现场情况和一次起爆的允许炸药量而定，装药结构一般采用空气间隔装药或孔底留空气柱的方式，所留空气间隔的长度通常为药柱长度的 20% ~ 35%。间隔装药可用导爆索或电雷管齐发或孔内微差引爆，后者能更有效降震，爆破采用毫秒延迟雷管。最佳微差间隔时间一般取 3 ~ 6W（W 为最小抵抗线，单位为米），刚性大的岩石取下限。

一般而言，相邻两炮孔爆破时间间隔宜控制在20～30毫秒，不宜过大或过小；爆破网路宜采取可靠的导爆索与继爆管相结合的爆破网路，每孔至少一根导爆索，确保安全起爆；非电爆管网路要设复线，孔内线脚要设有保护措施，避免装填时把线脚拉断；导爆索网路联结要注意搭接长度、拐弯角度、接头方向，并捆扎牢固，不得松动。

微差控制爆破能有效地控制爆破冲击波、震动、噪音和飞石；操作简单、安全、迅速；可近火爆破而不造成伤害；破碎程度好，可提高爆破效率和技术经济效益。但该网路设计较为复杂，需要特殊的毫秒延期雷管及导爆材料。微差控制爆破适用于开挖岩石地基、挖掘沟渠、拆除建筑物和基础以及用于工程量与爆破面积较大，对截面形状、规格、减震、飞石、边坡后面有严格要求的控制爆破工程。

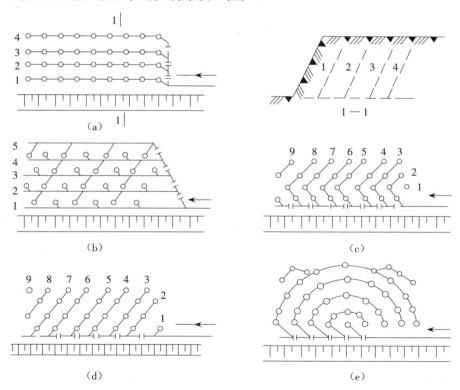

图3-19　微差控制爆破起爆形式及顺序

（a）成排顺序（排间微差）；（b）排内间隔式（V形式）；（c）波浪式；（d）对角式；（e）径向式

第五节 爆破施工安全知识

一、爆破、起爆材料的储存与保管

爆破材料应储存在干燥、通风良好、相对湿度不大于65%的仓库内，库内温度应保持在18~30℃；在周围5米内的范围，须清除一切树木和草皮。库房应有避雷装置，接地电阻不大于10欧姆。库内应有消防设施。

爆破材料仓库与民房、工厂、铁路、公路等应有一定的安全距离。炸药与雷管(导爆索)须分开贮存，两库房的安全距离不应小于有关规定。同一库房内不同性质、批号的炸药应分开存放，严防虫鼠等啃咬。

炸药与雷管成箱(盒)堆放要平稳、整齐。成箱炸药宜放在木板上，堆摆高度不得超过1.7米，宽不超过2米，堆与堆之间应留有不小于1.3米的通道，药堆与墙壁之间的距离不应小于0.3米。

要严格控制施工现场临时仓库内爆破材料贮存数量，炸药不得超过3吨，雷管不得超过10000个和相应数量的导火索。雷管应放在专用的木箱内，离炸药不少于2米的距离。

二、装卸、运输与管理

爆破材料的装卸均应轻拿轻放，不得受到摩擦、震动、撞击、抛掷或转倒。堆放时要摆放平稳，不得散装，改装或倒放。

爆破材料应使用专车运输，炸药与起爆材料、硝铵炸药与黑火药均不得在同一车辆、车厢装运。用汽车运输时，装载不得超过允许载重量的2/3，行驶速度不应超过20千米/小时。

三、爆破操作安全要求

装填炸药应按照设计规定的炸药品种、数量、位置进行。装药要分次装入，用竹棍轻轻压实，不得用铁棒或用力压入炮孔内，不得用铁棒在药包上钻孔安设雷管或导爆索，必须用木或竹棒进行。当孔深较大时，药包要用绳子吊下，或用木制炮棍护送，不允许直接往孔内丢药包。

起爆药卷（雷管）应设置在装药全长的1/3～1/2位置上（从炮孔口算起），雷管应置于装药中心，聚能穴应指向孔底，导爆索只许用锋利刀一次切割好。

遇有暴风雨或闪电打雷时，应禁止装药、安设电雷管和联结电线等操作。

在潮湿条件下进行爆破，药包及导火索表面应涂防潮剂加以保护，以防受潮失效。

爆破孔洞的堵塞应保证要求的堵塞长度，充填密实不漏气。填充直孔可用干细砂土、砂子、黏土或水泥等惰性材料。最好用1:3～1:2（黏土:粗砂）的土砂混合物，含水量在20%，分层轻轻压实，不得用力挤压。水平炮孔和斜孔宜用2:1土砂混合物，做成直径比炮孔小5～8毫米，长100～150毫米的圆柱形炮泥棒填塞密实。填塞长度应大于最小抵抗线长度的10%～15%，在堵塞时应注意勿捣坏导火索和雷管的线脚。

导火索长度应根据爆破员在完成全部炮眼和进入安全地点所需的时间来确定，其最短长度不得少于1米。

四、爆破安全距离

爆破时，应划出警戒范围，立好标志，现场人员应退到安全区域，并有专人警戒，以防爆破飞石、爆破地震、冲击波以及爆破毒气对人身造成伤害。

爆破飞石、空气冲击波、爆破毒气对人身以及爆破震动对建筑物影响的安全距离计算方法如下。

1.爆破地震安全距离。目前国内外爆破工程多以建筑物所在地表的最大质点振动速度作为判别爆破震动对建筑物的破坏标准。通常采用的经验公式为 $v = K\left(\dfrac{Q^{1/3}}{R}\right)^a$，式中v为爆破地震对建筑物（或构筑物）及地基产生的质点垂直振动速度，单位为厘米/秒；K为与岩土性质、地形和爆破条件有关的系数，在土中爆破时，K=150～200，在岩石中爆破时，K=100～150；Q为同时起爆的总装药量，单位为千克；R为药包中心到某一建筑物的距离，单位为米；a为爆破地震随距离衰减系数，可按1.5～2.0考虑。

观测成果表明：当 v=10～12 厘米/秒时，一般砖木结构的建筑物便可能破坏。

2.爆破空气冲击波安全距离。公式为 $R_k = K_k \sqrt{Q}$。式中 R_k 为爆破冲击波的危害半径，单位为米；K_k 为系数，对于人来说，K_k=5～10，对建筑物要求安全无损时，裸露药包 K_k=50～150，埋入药包 K_k=10～50；Q 为同时起爆的最大的一次总装药量，单位为千克。

3.个别飞石安全距离（R_f）。公式为 $R_f = 20n^2W$。式中 n 为最大药包的爆破作用指数；W 为最小抵抗线，单位为米。

实际采用的飞石安全距离不得小于下列数值：裸露药包 300 米，浅孔或深孔爆破 200 米，洞室爆破 400 米。对于顺风向的安全距离应增大一倍。

4.爆破毒气的危害范围。在工程实践中，常采用下述经验公式来估算有毒气体扩散安全距离（R_g）：$R_g = K_g \sqrt[3]{Q}$。式中 R_g 为有毒气体扩散安全距离，单位为米；K_g 为系数，根据有关资料，K_g 的平均值为 160；Q 为爆破总装药量，单位为千克。

五、爆破防护覆盖方法

基础或地面以上构筑物爆破时，可在爆破部位上铺盖湿草垫或草袋（内装少量砂土）作为头道防线，再在其上铺放胶管帘或胶垫，外面再以帆布棚覆盖，用绳索拉住捆紧，以阻挡爆破碎块，降低声响。

对离建筑物较近或在附近有重要设备的地下设备基础爆破，应采用橡胶防护垫（用废汽车轮胎编织成排），环索联结在一起的粗圆木、铁丝网、脚手板等护盖其上防护。

对一般破碎爆破，防飞石可用韧性好的铁丝爆破防护网、布垫、帆布、胶垫、旧布垫、荆笆、草垫、草袋或竹帘等作防护覆盖。

对平面结构，如钢筋混凝土板或墙面的爆破，可在板（或墙面）上架设可拆卸的钢管架子（或活动式），上盖铁丝网，再铺上内装少量砂土的草包形成一个防护罩防护。

爆破时，为保护周围建筑物及设备不被打坏，可在其周围用厚度为 5 厘米的木板加以掩护，并用铁丝捆牢，距炮孔距离不得小于 50 厘米。如爆破体靠近钢结构或需保留部分,必须用砂袋加以保护,其厚度不小于50厘米。

六、瞎炮的处理方法

通过引爆而未能爆炸的药包叫瞎炮。处理之前,必须查明拒爆原因,然后根据具体情况慎重处理。

1.重爆法。瞎炮是因为炮孔外的电线电阻、导火索或电爆网(线)路不合要求而造成的,经检查可燃性和导电性能完好,纠正后,可以重新接线起爆。

2.诱爆法。当炮孔不深(在50厘米以内)时,可用裸露爆破法炸毁;当炮孔较深时,距炮孔近旁60厘米处(用人工打孔30厘米以上),钻(打)一个与原炮孔平行的新炮孔,再重新装药起爆,将原瞎炮销毁。钻平行炮孔时,应将瞎炮的堵塞物掏出,插入一根木棍,作为钻孔的导向标志。

3.掏炮法。可用木制或竹制工具,小心地将炮孔上部的堵塞物掏出;如果是硝铵类炸药,可用低压水浸泡并冲洗出整个药包,或以压缩空气和水混合物把炸药冲出来,将拒爆的雷管销毁,或将上部炸药掏出部分后,再重新装入起爆药包起爆。

在处理瞎炮时,严禁把带有雷管的药包从炮孔内拉出来,严禁拉动电雷管上的导火索或雷管脚线,把电雷管从药包内拔出来,严禁掏动药包内的雷管。[1]

---

①王明林. 爆破安全[M]. 北京:冶金工业出版社,2015.

第四章 混凝土工程施工技术

第一节 普通混凝土的施工工艺

一、施工准备

(一)基础处理

土基应先将开挖基础时预留下来的保护层挖除,并清除杂物,然后用碎石垫底,盖上湿砂,再进行压实,浇8~12厘米厚素混凝土垫层。砂砾地基应清除杂物,整平基础面,并浇筑10~20厘米厚素混凝土垫层。

对于岩基,一般要求清除到质地坚硬的新鲜岩面,然后进行整修。整修是用铁锹等工具去掉表面松软岩石、棱角和反坡,并用高压水冲洗,压缩空气吹扫。若岩面上有油污、灰浆及其粘结的杂物,还应采用钢丝刷反复刷洗,直至岩面清洁为止。清洗后的岩基在混凝土浇筑前应保持洁净和湿润。

当有地下水时,要认真处理,否则会影响混凝土的质量。处理的方法有以下几点:第一,做截水墙,拦截渗水,引入集水井排出;第二,对基岩进行必要的固结灌浆,以封堵裂缝,阻止渗水;第三,沿周边打排水孔,导出地下水,在浇筑混凝土时埋管,用水泵抽出孔内积水,直至混凝土初凝,7天后灌浆封孔;第四,将底层砂浆和混凝土的水灰比适当降低。

(二)施工缝处理

1.风砂枪喷毛。将经过筛选的粗砂和水装入密封的砂箱,并通入压缩空气。高压空气混合水砂,经喷砂喷出,把混凝土表面喷毛。一般在混凝土浇后24~48小时开始喷毛,视气温和混凝土强度增长情况而定。

如能在混凝土表层喷洒缓凝剂,则可减少喷毛的难度。

2.高压水冲毛。在混凝土凝结后但尚未完全硬化以前,用高压水(压力为 0.1 ~ 0.25 兆帕)冲刷混凝土表面,形成毛面,对龄期稍长的,可用压力更高的水(压力为 0.4 ~ 0.6 兆帕),有时配以钢丝刷刷毛。高压水冲毛的关键在于掌握冲毛时机,过早会使混凝土表面松散和冲去表面混凝土;过迟则使混凝土变硬,不仅增加工作困难,而且不能保证质量。一般来说,春秋季节应在浇筑完毕后 10 ~ 16 小时开始;夏季掌握在 6 ~ 10 小时;冬季则在 18 ~ 24 小时之后进行。如在新浇混凝土表面洒刷缓凝剂,则延长冲毛时间。

3.刷毛机刷毛。在大而平坦的仓面上,可用刷毛机刷毛,它装有旋转的粗钢丝刷和吸收浮渣的装置,利用粗钢丝刷的旋转刷毛并利用吸渣装置吸收浮渣。

喷毛、冲毛和刷毛适用于尚未完全凝固的混凝土水平缝面的处理。全部处理完后,需用高压水清洗干净,要求缝面无尘无渣,然后再盖上麻袋或草袋进行养护。

4.风镐凿毛或人工凿毛。对于已经凝固的混凝土,可利用风镐凿毛或石工工具凿毛,凿深 1 ~ 2 厘米,然后用压力水冲净。凿毛多用于垂直缝。

仓面清扫应在即将浇筑前进行,以清除施工缝上的垃圾、浮渣和灰尘,并用压力水冲洗干净。

(三)仓面准备

浇筑仓面的准备工作包括机具设备、劳动组合、照明、风水电供应、所需混凝土原材料的准备等,应事先安排就绪。仓面施工的脚手架、工作平台、安全网、安全标识等应检查是否牢固,电源开关、动力线路是否符合安全规定。

仓位的浇筑高程、上升速度、特殊部位的浇筑方法和质量要求等技术问题,须事先进行技术交底。

地基或施工缝处理完毕并养护一定时间,已浇好的混凝土强度达到 2.5 兆帕后,即可在仓面进行放线,安装模板、钢筋和预埋件,架设脚手架等作业。

（四）模板、钢筋及预埋件检查

开仓浇筑前，必须按照设计图纸和施工规范的要求，对仓面安设的模板、钢筋及预埋件进行全面检查验收，签发合格证。

1. 模板检查。主要检查模板的架立位置与尺寸是否准确，模板及其支架是否牢固稳定，固定模板用的拉条是否弯曲等。模板板面要求洁净、密缝并涂刷脱模剂。

2. 钢筋检查。主要检查钢筋的数量、规格、间距、保护层、接头位置与搭接长度是否符合设计要求。要求焊接或绑扎接头必须牢固，安装后的钢筋网应有足够的刚度和稳定性，钢筋表面应清洁。

3. 预埋件检查。对预埋管道、止水片、止浆片、预埋铁件、冷却水管和预埋观测仪器等，主要检查其数量、安装位置和牢固程度。

二、混凝土的拌制

（一）混凝土配料

配料是按设计要求，称量每次拌和混凝土的材料用量。配料的精度直接影响混凝土质量。混凝土配料要求采用重量配料法，也就是将砂、石、水泥、掺和料按重量计量，水和外加剂溶液按重量折算成体积计量。施工规范对配料精度（按重量百分比计）的要求是水泥、掺合料、水、外加剂溶液为±1%，砂石料为±2%。

设计配合比中的加水量根据水灰比计算确定，并以饱和面干状态的砂子为标准。由于水灰比对混凝土强度和耐久性影响极为重大，绝不能任意变更；施工采用的砂子，其含水量又往往较高，在配料时采用的加水量，应扣除砂子表面含水量及外加剂中的水量。

1. 给料设备。给料是将混凝土各组分从料仓按要求供到称料料斗。给料设备的工作机构常与称量设备相连，当需要给料时，控制电路开通，进行给料。当计量达到要求时，即断电停止给料。

2. 混凝土称量。混凝土配料称量的设备，主要包括简易称量（地磅）、电动磅秤、自动配料杠杆秤、电子秤、配水箱及定量水表。

（1）简易称量。当混凝土拌制量不大，可采用简易称量方式，如图4-1所示。地磅称量是将地磅安装在地槽内，用手推车装运材料推到地磅上进行称量。这种方法最简便,但称量速度较慢。台秤称量需配置称料斗、贮料斗等辅助设备。称料斗安装在台秤上,骨料能由贮料斗迅速落入,故称量时间较快,但贮料斗承受骨料的重量大,结构较复杂。贮料斗的进料可采用皮带机、卷扬机等提升设备。

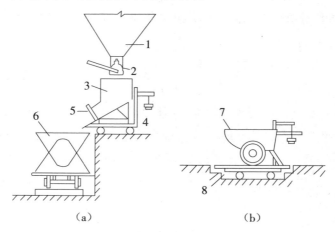

（a）   （b）

图4-1　简易称量设备

（a）称料斗称料;（b）地磅称料
1贮料斗;2弧形门;3称料斗;4台秤;5卸料门;6斗车;7手推车;8地槽

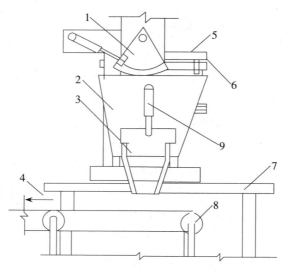

图4-2　电动磅秤

1扇形给料器;2称量斗;3出料口;4送至集料斗;5磅秤;6电源闭路按钮;7支架;8水平胶带;9液压或气动开关

（2）电动磅秤。电动磅秤是简单的自控计量装置，每种材料用一台装置，如图4-2所示。给料设备下料至主称量料斗，达到要求重量后即断电停止供料，称量料斗内材料卸至皮带机送至集料斗。

（3）自动配料杠杆秤。自动配料杠杆秤带有配料装置和自动控制装置，如图4-3所示。自动化水平高，可作砂、石的称量，精度较高。

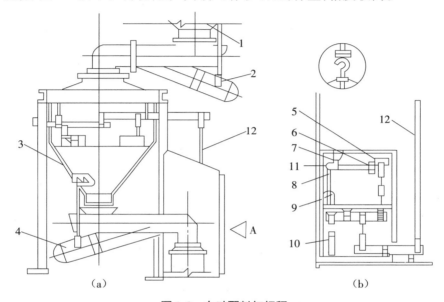

图4-3　自动配料杠杆秤

（a）总图；（b）A向内视构造图

1贮料斗；2、4电磁振动给料器；3称量斗；5调整游锤；6游锤；7接触棒；8重锤托盘；9附加重锤（构造如小圆圈）；10配重；11标尺；12传重拉杆

（4）电子秤。电子秤是通过传感器承受材料重力拉伸，输出电信号在标尺上指出荷重的大小，当指针与预先给定数据的电接触点接通时，即断电停止给料，同时继电器动作，称料斗斗门打开向集料斗供料，如图4-4和图4-5所示。

（5）配水箱及定量水表。水和外加剂溶液可用配水箱和定量水表计量。配水箱是搅拌机的附属设备，可利用配水箱的浮球刻度尺控制水或外加剂溶液的投放量。定量水表常用于大型搅拌楼，使用时将指针拨至每盘搅拌用水量刻度上，按电钮即可送水，指针也随进水量回移，至零位时电磁阀即断开停水。此后，指针能自动复位至设定的位置。

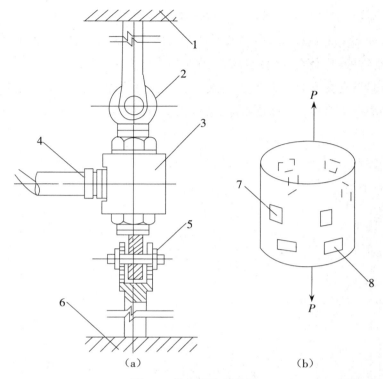

图4-4　电子秤传感装置

(a)传感器安装示意;(b)传感器内应变片粘贴示意
1贮料仓支架;2、5球铰;3传感器;4电路线插头;6称量斗;7竖贴应变片;8横贴应变片

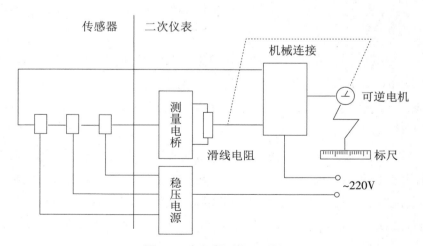

图4-5　电子秤测量原理图

(二)混凝土拌和

1.人工拌和。人工拌和是在一块钢板上进行的,先倒入砂子,后倒入水泥,用铁锹反复干拌至少3遍,直到颜色均匀为止。然后在中间扒一个坑,倒入石子和2/3的定量水,翻拌1遍。再进行翻拌(至少2遍),其余1/3的定量水随拌随洒,拌至颜色一致,石子全部被砂浆包裹,石子与砂浆没有分离、泌水与不均匀现象为止。人工拌和劳动强度大、混凝土质量不容易保证,拌和时不得任意加水。人工拌和只适宜于施工条件困难、工作量小,强度不高的混凝土。[①]

2.机械拌和。用拌和机拌和混凝土较广泛,能提高拌和质量和生产率。拌和机械有自落式和强制式两种。

(1)混凝土搅拌机。混凝土搅拌机可分为自落式混凝土搅拌机、强制式混凝土搅拌机两种。自落式搅拌机是通过筒身旋转,带动搅拌叶片将物料提高,在重力作用下物料自由坠下,反复进行,互相穿插、翻拌、混合使混凝土各组分搅拌均匀的。

自落式搅拌机又可分为锥形反转出料搅拌机、双锥形倾翻出料搅拌机两种。

锥形反转出料搅拌机是中、小型建筑工程常用的一种搅拌机,正转搅拌,反转出料。由于搅拌叶片呈正、反向交叉布置,拌和料一方面被提升后靠自落进行搅拌;另一方面又被迫沿轴向作左右窜动,搅拌作用强烈。锥形反转出料搅拌机外形如图4-6所示,它主要由上料装置、搅拌筒、传动机构、配水系统和电气控制系统等组成。搅拌筒示意图如图4-7所示,当混合料拌好以后,可通过按钮直接改变搅拌筒的旋转方向,拌和料即可经出料叶片排出。

双锥形倾翻出料搅拌机进出料在同一口,出料时由气动倾翻装置使搅拌筒下旋50°～60°,即可将物料卸出,如图4-8所示。双锥形倾翻出料搅拌机卸料迅速,拌筒容积利用系数高,拌和物的提升速度低,物料在拌筒内靠滚动自落而搅拌均匀,能耗低,磨损小,能搅拌大粒径骨料混凝土。主要用于大体积混凝土工程。

①廖代广.土木工程施工技术[M].武汉:武汉理工大学出版社,2004.

强制式混凝土搅拌机一般筒身固定,搅拌机片旋转,对物料施加剪切、挤压、翻滚、滑动、混合使混凝土各组分搅拌均匀。

强制式混凝土搅拌机又可分为涡桨强制式搅拌机、单卧轴强制式混凝土搅拌机、双卧轴强制式混凝土搅拌机三种。

涡桨强制式搅拌机是在圆盘搅拌筒中装一根回转轴,轴上装有拌和铲和刮板,随轴一同旋转,如图4-9所示。它用旋转着的叶片将装在搅拌筒内的物料强行搅拌使之均匀。涡桨强制式搅拌机由动力传动系统、上料和卸料装置、搅拌系统、操纵机构和机架等组成。

图4-6　锥形反转出料机外形图

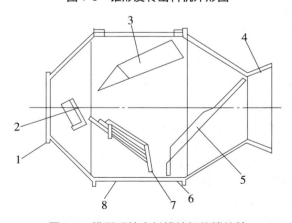

图4-7　锥形反转出料搅拌机的搅拌筒

1进料口;2挡料叶片;3主搅拌叶片;4出料口;5出料叶片;6滚道;7副叶片;8搅拌筒筒身

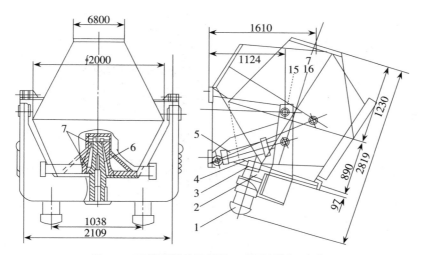

图4-8 双锥型搅拌机结构示意图（单位：毫米）

1电动机；2行星摆线减速器；3小齿轮；4倾翻机架；5倾翻气缸；6锥行轴；7单列圆锥滚珠轴承

单卧轴强制式混凝土搅拌机的搅拌轴上装有两组叶片，两组推料方向相反，使物料既有圆周方向运动，也有轴向运动，因而能形成强烈的物料对流，使混合料能在较短的时间内搅拌均匀。它由搅拌系统、进料系统、卸料系统和供水系统等组成，如图4-10所示。

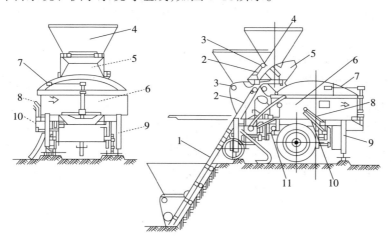

图4-9 涡桨强制式混凝土搅拌机

1上料轨道；2上料斗底座；3铰链轴；4上料斗；5进料承口；6搅拌筒；7卸料手柄；8料斗下降手柄；9撑脚；10上料手柄；11给水手柄

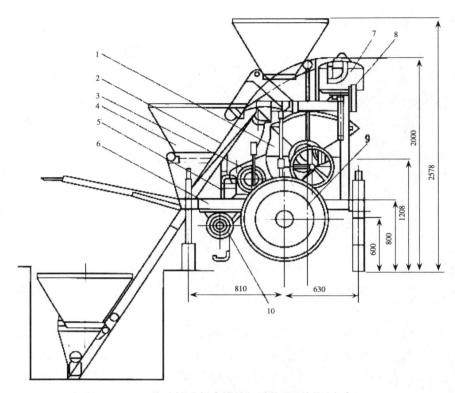

图4-10　单卧轴强制式搅拌机结构图（单位：毫米）

1搅拌装置；2上料架；3料斗操纵手柄；4料斗；5水泵；6底盘；7水箱；8供水装置操纵手柄；9车轮；10传动装置

　　双卧轴强制式混凝土搅拌机如图4-11所示，它有两根搅拌轴，轴上布置有不同角度的搅拌叶片，工作时两轴向相反的方向同步相对旋转。由于两根轴上的搅拌铲布置位置不同，螺旋线方向相反，于是被搅拌的物料在筒内既有上下翻滚的动作，也有沿轴向的来回运动，从而增强了混合料运动的剧烈程度，因而搅拌效果更好。双卧轴强制式混凝土搅拌机为固定式，其结构基本与单卧式相似。它由搅拌系统、进料系统、卸料系统和供水系统等组成。

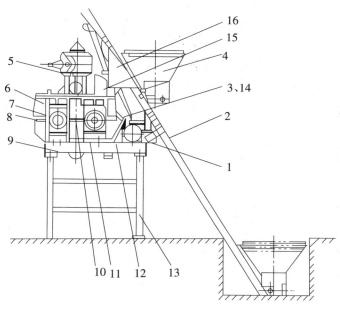

图4-11　双卧轴搅拌机

1上料传动装置；2上料架；3搅拌驱动装置；4料斗；5水箱；6搅拌筒；7搅拌装置；8供油器；9卸料装置；10三通阀；11操纵杆；12水泵；13支承架；14罩盖；15受料斗；16电气箱

（2）混凝土搅拌机的使用。搅拌机运输时，应将进料斗提升到上止点，并用保险铁链锁住。轮胎式搅拌机的搬运可用机动车拖行，但其拖行速度不得超过15千米/小时。如在不平的道路上行驶，速度还应降低。

按施工组织设计确定的搅拌机安放位置，根据施工季节情况搭设搅拌机工作棚，棚外应挖有排除清洗搅拌机废水的排水沟，以保持操作场地的整洁。

固定式搅拌机应安装在牢固的台座上。当长期使用时，应埋置地脚螺栓；如短期使用，可在机座下铺设木枕并找平放稳。

轮胎式搅拌机应安装在坚实平整的地面上，全机重量应由四个撑脚来负担，从而使轮胎不受力，否则机架在长期荷载作用下会发生变形，造成连接件扭曲或传动件接触不良，缩短搅拌机使用寿命。当搅拌机长期使用时，为防止轮胎老化和腐蚀，应将轮胎卸下另行保管。机架应以枕木垫起支牢，进料口一端抬高3~5厘米，以适应上料时短时间内所造成的偏重。轮轴端部用油布包好，以防止灰土泥水侵蚀。

某些类型的搅拌机须在上料斗的最低点挖上料地坑，上料轨道应伸入坑内，斗口与地面齐平，斗底与地面之间加一层缓冲垫木，料斗上升时靠滚轮在轨道中运行，并由斗底向搅拌筒中卸料。

按搅拌机产品说明书的要求进行安装调试，检查机械部分、电气部分、气动控制部分等是否能正常工作。

搅拌机使用前应按照"十字作业法"（清洁、润滑、调整、紧固、防腐）的要求检查离合器、制动器、钢丝绳等各个系统和部位，是否机件齐全、机构灵活、运转正常，并按规定位置加注润滑油脂。检查电源电压，电压升降幅度不得超过搅拌电气设备规定的5%。随后进行空转检查，检查搅拌机旋转方向是否与机身箭头一致，空车运转是否达到要求值。供水系统的水压、水量满足要求。在确认以上情况正常后，搅拌筒内加清水搅拌3分钟，然后将水放出，再可投料搅拌。

在完成上述检查工作后，即可进行开盘搅拌，为不改变混凝土设计配合比，补偿黏附在筒壁、叶片上的砂浆，第一盘应减少石子约30%，或多加水泥、砂各15%。

普通混凝土一般采用一次投料法或两次投料法。一次投料法是按砂（石子）、水泥、石子（砂）的次序投料，并在搅拌的同时加入全部拌和水进行搅拌；二次投料法是先将石子投入拌和筒并加入部分拌和用水进行搅拌，清除前一盘拌和料黏附在筒壁上的残余，然后再将砂、水泥及剩余的拌和用水投入搅拌筒内继续拌和。

混凝土拌和物的搅拌质量应经常检查，混凝土拌和物颜色均匀一致，无明显的砂粒、砂团及水泥团，石子完全被砂浆所包裹，说明其搅拌质量较好。

每班作业后，应对搅拌机进行全面清洗，并在搅拌筒内放入清水及石子运转10~15分钟后放出，再用竹扫帚洗刷外壁。搅拌筒内不得有积水，以免筒壁及叶片生锈，如遇冰冻季节，应放尽水箱及水泵中的存水，以防冻裂。

每天工作完毕后,搅拌机料斗应放至最低位置,不准悬于半空。电源必须切断,锁好电闸箱,保证各机构处于空位。

3.混凝土拌和站(楼)。在混凝土施工工地,通常把骨料堆场、水泥仓库、配料装置、拌和机及运输设备等比较集中地布置,组成混凝土拌和站,或采用成套的混凝土工厂(拌和楼)来制备混凝土。

三、混凝土运输

(一)混凝土运输设备

混凝土运输包括两个运输过程:一是从拌和机前到浇筑仓前,主要是水平运输;二是从浇筑仓前到仓内,主要是垂直运输。

混凝土的水平运输又称为供料运输。常用的运输方式有人工、机动翻斗车、混凝土搅拌运输车、自卸汽车、混凝土泵、皮带机、机车等,应根据工程规模、施工场地宽窄和设备供应情况选用。混凝土的垂直运输又称为入仓运输,主要由起重机械来完成,常见的起重机有履带式、门机、塔机等几种。这里主要介绍人工、机动翻斗车、混凝土搅拌运输车等几种运输方式。

1.人工运输。人工运输混凝土常用手推车、架子车和斗车等。用手推车和架子车时,要求运输道路路面平整,随时清扫干净,防止混凝土在运输过程中受到强烈振动。道路的纵坡一般要求水平,局部不宜大于15%,一次爬高不宜超过2~3米,运输距离不宜超过200米。

用窄轨斗车运输混凝土时,窄轨(轨距610毫米)车道的转弯半径以不小于10米为宜。轨道尽量为水平,局部纵坡不宜超过4%,尽可能铺设双线;以便轻、重车道分开。如为单线要设避车叉道。容量为0.60立方米的斗车一般用人力推运,局部地段可用卷扬机牵引。

2.机动翻斗车。机动翻斗车是混凝土工程中使用较多的水平运输机械。它轻便灵活、转弯半径小、速度快且能自动卸料。车前装有容量为476升的翻斗,载重量约1吨,最高时速20千米/小时。它适用于短途运输混凝土或砂石料。

3.混凝土搅拌运输车。混凝土搅拌运输车是运送混凝土的专用设备,如图4-12所示。它的特点是在运量大、运距远的情况下,能保证混凝土的质量均匀,一般用于混凝土制备点(商品混凝土站)与浇筑点距离较远时使用。它的运送方式有两种:一是在10千米范围内做短距离运送时,只作为运输工具使用,即将拌和好的混凝土接送至浇筑点,在运输途中为防止混凝土分离,搅拌筒只进行低速搅动,使混凝土拌和物不致分离、凝结。二是在运距较长时,搅拌运输两者兼用,即先在混凝土拌和站将干料(砂、石、水泥)按配比装入搅拌鼓筒内,并将水注入配水箱,开始只作干料运送,然后在到达距离使用点10~15分钟路程时,启动搅拌筒回转,并向搅拌筒注入定量的水,这样在运输途中边运输边搅拌成混凝土拌和物,送至浇筑点卸出。

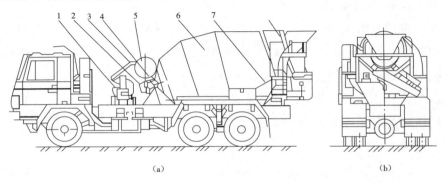

图4-12　搅拌运输车外形图

(a)侧视;(b)后视

1泵连接组件;2减速机总成;3液压系统;4机架,5供水系统;6搅拌筒;7操纵系统;8进出料装置

(二)混凝土辅助运输设备

运输混凝土的辅助设备有吊罐、集料斗、溜槽、溜管等。用于混凝土装料、卸料和转运入仓,对于保证混凝土质量和运输工作顺利进行起着相当大的作用。

1.溜槽与振动溜槽。溜槽为钢制槽子(钢模),可从皮带机、自卸汽车、斗车等受料,将混凝土转送入仓。其坡度可由试验确定,常采用45°左右。当卸料高度过大时,可采用振动溜楷槽。振动溜槽装有振动器,单节长4~6米,拼装总长可达30米,其输送坡度由于振动器的作用可放缓至15°~20°。如图4-13所示,采用溜槽时,应在溜槽末端加设1~2节溜管或挡板,以防止混凝土料在下滑过程中分离。利用溜槽转运入仓是大型机械设备难以控制部位的有效入仓手段。

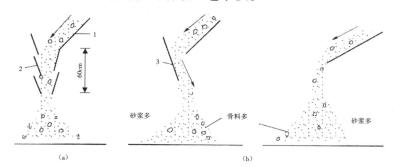

图4-13　溜槽卸料

（a）正确方法；（b）不正确方法
1溜槽；2成两节溜筒；3挡板

2.溜管与振动溜管。溜管（溜筒）由多节铁皮管串挂而成。每节长0.8～1米,上大下小,相邻管节铰挂在一起,可以拖动,如图4-14所示。采用溜管卸料可起到缓冲消能作用,以防止混凝土料分离和破碎。

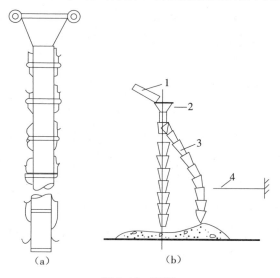

图4-14　溜筒

溜管卸料时,其出口离浇筑面的高差应不大于1.5米。并利用拉索拖动均匀卸料,但应使溜管出口段约2米长与浇筑面保持垂直,以避免混凝土料分离。随着混凝土浇筑面的上升,可逐节拆卸溜管下端的管节。

溜管卸料多用于断面小、钢筋密的浇筑部位,其卸料半径为1～1.5米,卸料高度不大于10米。

振动溜管与普通溜管相似,但每隔4～8米的距离装有一个振动器,以防止混凝土料中途堵塞,其卸料高度可达10～20米。

3.吊罐。吊罐有卧罐和立罐之分。卧罐通过自卸汽车受料,立罐置于平台列车直接在搅拌楼出料口受料。

四、混凝土浇筑

(一)铺料

开始浇筑前,要在岩面或老混凝土面上,先铺一层2～3厘米厚的水泥砂浆(接缝砂浆)以保证新混凝土与基岩或老混凝土结合良好。砂浆的水灰比应较混凝土水灰比减少0.03～0.05。混凝土的浇筑应按一定厚度、次序、方向分层推进。

铺料厚度应根据拌和能力、运输距离、浇筑速度、气温及振捣器的性能等因素确定。一般情况下,浇筑层的允许最大厚度不应超过规定的数值,如采用低流态混凝土及大型强力振捣设备时,其浇筑层厚度应根据试验确定。

混凝土入仓时,应尽量使混凝土按先低后高的顺序进行,并注意分料,不要过分集中。其要求有以下几点:第一,仓内有低塘或料面,应按先低后高进行卸料,以免泌水集中带走灰浆;第二,由迎水面至背水面把泌水赶至背水面部分,然后处理集中的泌水;第三,根据混凝土强度等级分区,先高强度后低强度进行下料,以防止减少高强度区的断面;第四,要适应结构物的特点,例如,对于浇筑块内有廊道、钢管或埋件的仓位,卸料必须两侧平起,廊道、钢管两侧的混凝土高差不得超过铺料的层厚(一般为30～50厘米)。常用的铺料方法有以下几种。

1.平层浇筑法。平层浇筑法是混凝土按水平层连续地逐层铺填,第一层浇完后再浇第二层,依次类推直至达到设计高度。

平层铺料法在实际应用中较多,且具有以下几个特点:第一,铺料的接头明显,混凝土便于振捣,不易漏振;第二,平层铺料法能较好地保持老混凝土面的清洁,保证新老混凝土之间的结合质量;第三,适用于不同坍落度的混凝土;第四,适用于有廊道、竖井、钢管等结构的混凝土。

2.斜层浇筑法。当浇筑仓面面积较大,而混凝土拌和、运输能力有限时,采用平层浇筑法容易产生冷缝,应用斜层浇筑法和台阶浇筑法。

斜层浇筑法是在浇筑仓面,从一端向另一端推进,推进中及时覆盖,以免发生冷缝。斜层坡度不超过10°,否则在平仓振捣时易使砂浆流动,骨料分离,下层已捣实的混凝土也可能产生错动。浇筑块高度一般限制在1.5米左右。当浇筑块较薄,且对混凝土采取预冷措施时,斜层浇筑法是较常见的方法,因为浇筑过程中混凝土冷量损失较小。

3.台阶浇筑法。台阶浇筑法是从块体短边一端向另一端铺料,边前进、边加高,逐步向前推进并形成明显的台阶,直至把整个仓位浇到收仓高程。浇筑坝体迎水面仓位时,应顺坝轴线方向铺料。

台阶浇筑法的施工要求有以下几点:第一,浇筑块的台阶层数以3～5层为宜,层数过多,易使下层混凝土错动,并使浇筑仓内平仓振捣机械上下频率调动,容易造成漏振。第二,浇筑过程中,要求台阶层次分明。铺料厚度一般为0.3～0.5米,台阶宽度应大于1.0米,长度应大于2～3米,坡度不大于1:2。第三,水平施工缝只能逐步覆盖,必须注意保持老混凝土面的湿润和清洁。在老混凝土面上边摊铺接缝砂浆边浇混凝土。第四,平仓振捣时注意防止混凝土分离和漏振。第五,在浇筑中,如因机械和停电等故障而中止工作时,要做好停仓准备,即必须在混凝土初凝前,把接头处混凝土振捣密实。

应该指出,不管采用上述何种铺筑方法,浇筑时相邻两层混凝土的间歇时间不允许超过混凝土铺料允许间隔时间。混凝土允许间隔时间是指自混凝土拌和机出料口到初凝前覆盖上层混凝土为止的这一段时间,它与气温、太阳辐射、风速、混凝土入仓温度、水泥品种、掺外加剂品种等条件有关。

(二)平仓

平仓是指把卸入仓内成堆的混凝土摊平到要求的均匀厚度。平仓不好会造成离析,使骨料架空,严重影响混凝土质量。

1.人工平仓。人工平仓用铁锹,平仓距离不超过3米。只适用以下场合:在靠近模板和钢筋较密的地方,用人工平仓,使石子分布均匀;水平止水、止浆片底部要用人工送料填满,严禁料罐直接下料,以免止水、止浆片卷曲和底部混凝土架空;门槽、机组预埋件等空间狭小的二期混凝土;各种预埋件、观测设备周围用人工平仓,防止位移和损坏。

2.振捣器平仓。振捣器平仓时,应将振捣器斜插入混凝土料堆下部,使混凝土向操作者位置移动,然后一次一次地插向料堆上部,直至混凝土摊平到规定的厚度为止。如将振捣器垂直插入料堆顶部,平仓工效固然较高,但易造成粗骨料沿锥体四周下滑,砂浆则集中在中间形成砂浆窝,影响混凝土匀质性。经过振动摊平的混凝土表面可能已经泛出砂浆,但内部并未完全捣实,切不可将平仓和振捣合二为一,影响浇筑质量。

(三)振捣

振捣是振动捣实的简称,它是保证混凝土浇筑质量的关键工序。振捣的目的是尽可能减少混凝土中的空隙,以清除混凝土内部的孔洞,并使混凝土与模板、钢筋及埋件紧密结合,从而保证混凝土的最大密实度,提高混凝土质量。

结构钢筋较密、振捣器难于施工或混凝土内有预埋件、观测设备,周围混凝土振捣力不宜过大时,应采用人工振捣。人工振捣要求混凝土拌和物坍落度大于5厘米,铺料层厚度小于20厘米。人工振捣工具有捣固锤、捣固杆和捣固铲。捣固锤主要用来捣固混凝土的表面;捣固铲用于插边,使砂浆与模板靠紧,防止表面出现麻面;捣固杆用于钢筋稠密的混凝土中,以使钢筋被水泥砂浆包裹,增加混凝土与钢筋之间的握裹力。人工振捣工效低,混凝土质量不易保证。

混凝土振捣主要采用振捣器进行。振捣器产生小振幅、高频率的振动,使混凝土在其振动的作用下,内摩擦力和粘结力大大降低,使干稠的混凝土获得流动性。在重力的作用下,骨料互相滑动而紧密排列,空隙由砂浆所填满,空气被排出,从而使混凝土密实,并填满模板内部空间,且与钢筋紧密结合。

第二节 特殊混凝土的施工工艺

一、泵送混凝土

（一）混凝土泵

1.混凝土泵的类型。混凝土泵的类型及泵送原理如表4-2所示。

类别		泵送原理
活塞式	机械式	动力装置带动曲柄使活塞往返动作,将混凝土送出
	液压式	液压装置推动活塞往返动作,将混凝土送出
挤压式		泵室内有橡胶管及滚轮架,滚轮架转动时将橡胶管内混凝土压出
隔膜式		利用水压力压缩泵体内橡胶隔膜,将混凝土压出
气罐式		利用压缩空气将贮料罐内的混凝土吹压输送出

2.液压活塞式混凝土泵。工程上使用较多的是液压活塞式混凝土泵,它是通过液压缸的压力油推动活塞,再通过活塞杆推动混凝土缸中的工作活塞来进行压送混凝土。

混凝土泵分拖式(地泵)和泵车两种形式。拖式混凝土泵主要由混凝土泵送系统、液压操作系统、混凝土搅拌系统、油脂润滑系统、冷却和水泵清洗系统以及用来安装和支承上述系统的金属结构车架、车桥、支脚和导向轮等组成。

混凝土泵送系统由左主油缸、右主油缸、先导阀、洗涤室、止动销、混凝土活塞、输送缸、滑阀及滑阀缸、Y形管、料斗架组成。当压力油进入右主油缸无杆腔时,有杆腔的液压油通过闭合油路进入左主油缸,同时带动混凝土活塞缩回并产生自吸作用,这时在料斗搅拌叶片的助推作用下,料斗的混凝土通过滑阀吸入口,被吸入输送缸,直到右主轴油缸活塞行程到达终点,撞击先导阀实现自动换向后,左缸吸入的混凝土再通过滑阀输出口进入Y形管,完成一个吸、送行程。由于左、右主油缸不断地交叉完成各自的吸、送行程,料斗里的混凝土就源源不断地被输送到达作业点,完成泵送作业。

将混凝土泵安装在汽车上称为臂架式混凝土泵车,它是将混凝土泵安装在汽车底盘上,并用液压折叠式臂架管道来运输混凝土,不需要在现场临时铺设管道。

(二)泵送混凝土的配合比

1.原材料要求。

(1)胶凝材料。胶凝材料主要包括水泥和粉煤灰。水泥品质应符合国家标准,一般采用保水性好的硅酸盐水泥或普通硅酸盐水泥。泵送大体积混凝土时,应选用水化热低的水泥。

为节约水泥,保证混凝土拌和物具有必要的可泵性,在配制泵送混凝土时可掺入一定数量粉煤灰。粉煤灰质量应符合标准。

(2)骨料。骨料主要包括砂、石子和外加剂。砂和水泥构成砂浆使输送管道内壁形成砂浆润滑层,一般要求采用通过0.315毫米筛孔的细颗粒不小于15%的颗粒级配良好的中砂,砂的质量要求与普通混凝土相同。

石子最大粒径应满足要求,并不应有超径骨料进入混凝土泵。石子级配应连续。

为节约水泥及改善可泵性,常采用减水剂及泵送剂。

2.坍落度。规范要求进泵混凝土拌和物坍落度一般宜为8~14厘米。但如果石子粒径适宜、级配良好、配合比适当,坍落度为5~20厘米的混凝土也可泵送。当管道转弯较多时,由于弯管、接头多,压力损失大,应适当加大坍落度。向下泵送时,为防止混凝土因自重下滑而引起堵管,坍落度应适当减小。向上泵送时,为避免过大的倒流压力,坍落度亦不能过大。

(三)泵送混凝土施工

1.施工准备。

(1)混凝土泵的安装。混凝土泵安装应水平,场地应平坦坚实,尤其是支腿支承处。严禁左右倾斜和安装在斜坡上,如地基不平,应整平夯实。应尽量安装在靠近施工现场。若使用混凝土搅拌运输车供料,还应注意车道和进出方便。长期使用时需在混凝土泵上方搭设工棚。混凝土泵安装应牢固,支腿升起后,插销必须插准并锁紧,以防止振动松脱;布管后应在混凝土泵出口转弯的弯管和锥管处,用钢钎固定,必要时还可用钢丝绳固定在地面上,如图4-27所示。

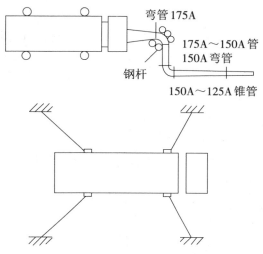

弯管 175A

175A～150A 管
150A 弯管

钢杆

150A～125A 锥管

图4-27 混凝土泵的安装固定

(2)管道安装。泵送混凝土布管,应根据工程施工场地特点,最大骨料粒径、混凝土泵型号、输送距离及输送难易程度等进行选择与配置。布管时,应尽量缩短管线长度,少用弯管和软管;在同一条管线中,应采用相同管径的混凝土管;同时采用新、旧配管时,应将新管布置在泵送压力较大处,管线应固定牢靠,管接头应严密,不得漏浆;应使用无龟裂、无凸凹损伤和无弯折的配管。[1]

混凝土输送管的使用要求主要有以下几点:①管径:输送管的管径取决于泵送混凝土粗骨料的最大粒径。②管壁厚度:管壁厚度应与泵送压力相适应。使用管壁太薄的配管,作业中会产生爆管,使用前应清理检查,太薄的管应装在前端出口处。

混凝土输送管线宜直,转弯宜缓,以减少压力损失;接头应严密,防止漏水漏浆;浇筑点应先远后近(管道只拆不接,方便工作);前端软管应垂直放置,不宜水平布置使用。如需水平放置,切忌弯曲角过大,以防爆管。管道应合理固定,不影响交通运输,不弄乱已绑扎好的钢筋,不使模

①曾彦. 混凝土施工新手入门[M]. 北京:中国电力出版社,2013.

板振动;管道、弯头、零配件应有备品,可随时更换。垂直向上布管时,为减轻混凝土泵出口处压力,宜使地面水平管长度不小于垂直管长度的1/4,一般不宜少于15米。如果条件限制,可增加弯管或环形管以满足要求。当垂直输送距离较大时,应在混凝土泵机Y形管出料口3~6米处的输送管根部设置销阀管(亦称插管),以防混凝土拌和物反流,如图4-28所示。

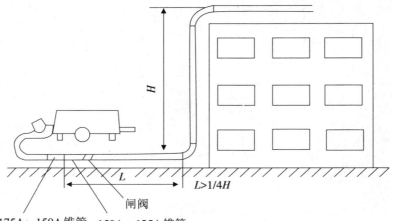

图4-28　垂直向上布管

　　侧斜向下布管时,当高差大于20米时,应在斜管下端设置5倍高差长度的水平管;如条件限制,可增加弯管或环形管以满足以上要求,如图4-29所示。

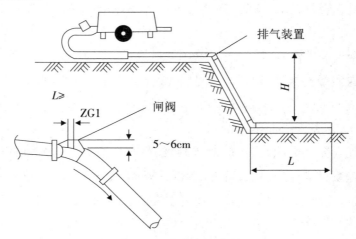

图4-29　倾斜向下布管

当坡度大于20°时,应在斜管上端设排气装置。泵送混凝土时,应先把排气阀打开,待输送管下段混凝土有了一定压力时,方可关闭排气阀。

(3)混凝土泵空转。混凝土泵压送作业前应空运转,方法是将排出量手轮旋至最大排量,给料斗加足水空转10分钟以上。

(4)管道润滑剂的压送。混凝土泵开始连续泵送前要对配管泵送润滑剂。润滑剂有砂浆和水泥浆两种,一般常采用砂浆。砂浆的压送方法为:第一,配好砂浆。第二,将砂浆倒入料斗,并调整排出量手轮至20~30立方米/小时处,然后进行压送。当砂浆即将压送完毕时,即可倒入混凝土,直接转入正常压送。第三,砂浆压送时如果出现堵塞,可拆下最前面的一节配管,将其内部脱水块取出,接好配管,即可正常运转。

2.混凝土的压送。

(1)混凝土压送。开始压送混凝土时,应使混凝土泵低速运转,注意观察混凝土泵的输送压力和各部位的工作情况,在确认混凝土泵的各部位工作正常后,方可提高混凝土泵的运转速度,加大行程,转入正常压送。

如管路有向下倾斜下降段时,要将排气阀门打开,在倾斜段起点塞一个用湿麻袋或泡沫塑料球做成的软塞,以防止混凝土拌和物自由下降或分离。塞子被压送的混凝土推送,直到输送管全部充满混凝土后,关闭排气阀门。

正常压送时,要保持连续压送,尽量避免压送中断。静停时间越长,混凝土分离现象就会越严重。当中断后再继续压送时,输送管上部泌水就会被排走,最后剩下的下沉粗骨料就易造成输送管的堵塞。

泵送时,受料斗内应经常有足够的混凝土,防止吸入空气造成阻塞。

(2)压送中断措施。浇灌中断是允许的,但不得随意留施工缝。浇灌停歇压送中断期内,应采取一定的技术措施,防止输送管内混凝土离析或凝结而引起管路的堵塞。压送中断的时间,一般应限制在1小时之内,夏季还应缩短。压送中断期内混凝土泵必须进行间隔推动,每隔4~5分钟一次,每次进行不少于4个行程的正、反转推动,以防止输送管的混凝土离析或凝结。如泵机停机时间超过45分钟,应将存留在导管内的混凝土排出,并加以清洗。

（3）压送管路堵塞及其预防、处理。在混凝土压送的过程中,输送管路由于混凝土拌和物品质不良,可泵性差;输送管路配管设计不合理;异物堵塞;混凝土泵操作方法不当等原因,常常造成管路堵塞。坍落度大、黏滞性不足、泌水多的混凝土拌和物容易产生离析,在泵压作用下,水泥浆体容易流失,而粗骨料下沉后推动困难,很容易造成输送管路的堵塞。在输送管路中混凝土流动阻力增大的部位(如Y形管、锥形管及弯管等部位)也极易发生堵塞。

向下倾斜配管时,当下倾配管下端阻压管长度不足,在使用大坍落度混凝土时,在下倾管处,混凝土会呈自由下流状态,在自流状态下混凝土易发生离析而引起输送管路的堵塞。由于对进料斗、输送管检查不严及压送过程中对骨料的管理不良,使混凝土拌和物中混入了大粒径的石块、砖块及短钢筋等而引起管路的堵塞。

混凝土泵操作不当,也易造成管路堵塞。操作时要注意观察混凝土泵在压送过程中的工作状态。压送困难、泵的输送压力异常及管路振动增大等现象都是堵塞的先兆,若在这种异常情况下,仍然强制高速压送,就易造成堵管。

防止输送管路堵塞,除混凝土配合比设计要满足可泵性的要求,配管设计要合理,加强混凝土拌制、运输、供应过程的管路确保混凝土的质量外,在混凝土压送时,还应采取以下预防措施:第一,严格控制混凝土的质量,和易性与匀质性不符合要求的混凝土不得入泵,禁止使用已经离析或拌制后超过90分钟而未经任何处理的混凝土;第二,严格按操作规程的规定操作,在混凝土输送过程中,当出现压送困难、泵的输送压力升高、输送管路振动增大等现象时,混凝土泵的操作人员首先应放慢压送速度,进行正、反转往复推动,辅助人员用木锤敲击弯管、锥形管等易发生堵塞的部位,切不可强制高速压送。

堵管后,应迅速找出堵管部位,及时排除。首先用木锤敲击管路,敲击时声音闷响说明已堵管。待混凝土泵卸压后,即可拆卸堵塞管段,取出管内堵塞混凝土。拆管时,操作者勿站在管口的正前方,避免混凝土突然喷射。接着对剩余管段进行试压送,确认再无堵管后,才可以重新接管。

重新接入管路的各管段接头扣件的螺栓先不要拧紧(安装时应加防漏垫片),应待重新开始压送混凝土,把新接管段内的空气从管段的接头处排尽后,方可把各管段接头扣件的螺丝拧紧。

二、真空作业混凝土

(一)真空作业系统

真空作业系统包括真空泵机组、真空罐、集水罐、连接器、气垫薄膜吸水装置等,如图4-30所示。

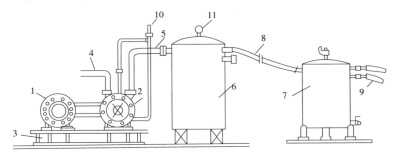

图4-30　真空作业

1电动机;2真空泵;3基础支架;4排水管;5吸水管;6真空罐;7集水罐;8橡皮吸入总管;9橡皮吸入管;10给水管;11真空计

(二)真空吸水施工

1.混凝土拌和物。采用真空吸水的混凝土拌和物,按设计配合比适当增大用水量,水灰比可为0.48～0.55,其他材料维持原设计不变。

2.作业面准备。按常规方法将混凝土振捣密实,抹平。因真空作业后混凝土面有沉降,此时混凝土应比设计高度略高5～10毫米,具体数据由试验确定。然后在过滤布上涂上一层石灰浆或其他防止粘结的材料,以防过滤布与混凝土粘结。

3.真空作业。混凝土振捣抹平后15分钟,应开始真空作业。开机后真空度应逐渐增加,当达到要求的真空度,开始正常出水后,真空度保持均匀。结束吸水工作前,真空度应逐渐减弱,防止在混凝土内部留下出水通路,影响混凝土的密实度。

真空吸水时间宜为作业厚度的 1 ~ 1.5 倍,并以剩余水灰比来检验真空吸水效果。真空作业深度不宜超过 30 厘米。

真空吸水作业完成后,要进一步对混凝土表面研压抹光,保证表面的平整。

在气温低于 8℃ 的条件下进行真空作业时,应注意防止真空系统内水分冻结。真空系统各部位应采取防冻措施。

每次真空作业完毕,模板、吸盘、真空系统和管道应清洗干净。

三、埋石混凝土施工

在混凝土施工中,为节约水泥,降低混凝土的水化热,常埋设大量块石。埋设块石的混凝土即称为埋石混凝土。

埋石混凝土对埋放块石的质量要求是石料无风化现象和裂隙,且完整、形状方正,并经冲洗干净风干。块石大小不宜小于 300 ~ 400 毫米。

埋石混凝土的埋石方法采用单个埋设法,即先铺一层混凝土,然后将块石均匀地摆上,块石与块石之间必须有一定距离。

(1)先埋后振法。即铺填混凝土后,先将块石摆好,然后将振捣器插入混凝土内振捣。先埋后振法的块石间距不得小于混凝土粗骨料最大粒径的两倍。由于施工中有时块石供应赶不上混凝土的浇筑,特别是人工抬石入仓更难与混凝土铺设取得有节奏的配合,因此,先埋后振法容易使混凝土放置时间过长,失去塑性,造成混凝土振动不良,块石未能很好地沉放混凝土内等质量事故。

(2)先振后埋法。即铺好混凝土后即进行振捣,然后再摆块石。这样人工抬石比较省力,块石间的间距可以大大缩短,只要彼此不靠即可。块石摆好后再进行第二次的混凝土的铺填和振捣。

从埋石混凝土施工质量来看,先埋后振比先振后埋法要好,因为块石是借振动作用挤压到混凝土内去的。为保证质量,应尽可能不采用先振后埋法。

埋石混凝土块石表面凸凹不平,振捣时低凹处水分难于排出,形成块石表面水分过多;水泥砂浆泌出的水分往往集中于块石底部;混凝土本身的分离,粗骨料下降,水分上升,形成上部松散层;埋石延长了混凝土的停置时间,使它失去塑性,以致难于捣实。这些原因会造成块石与混凝土的胶结强度难以完全得到保证,容易造成渗漏事故。因此,迎水面附近1.5米内,应用普通防渗混凝土,不埋块石;基础附近1.0米内,廊道、大孔洞周围1.0米内,模板附近0.3米内,钢筋和止水片附近0.15米内,都要采用普通混凝土,不埋块石。

第三节 预制混凝土构件和预应力混凝土施工

一、预制混凝土构件施工

预制混凝土构件的成型工序主要有准备模板、安放钢筋及预埋件、浇筑混凝土、构件表面修饰、养护等。预制混凝土构件振捣工艺一般有振动法、挤压法、离心法、真空作业法等。

预制场地的布置要有利于吊装,又便于预制,易于管理,尽可能靠近安装地点。预制场地应平整结实,排水良好。

浇筑预制构件,应符合下列规定:第一,浇筑前,应检查钢筋、预埋件的数量和位置;第二,每个构件应一次浇筑完成,不得间断,并宜采用机械振捣;第三,构件的外露面应平整、光滑,不得有蜂窝麻面、掉角、扭曲或开裂等情况;第四,重叠法制作构件时,其下层构件混凝土的强度应达到5兆帕后方可浇筑上层构件,并应有隔离措施;第五,构件浇制完毕后,应标注型号、混凝土强度等级、制作日期和上下面。无吊环的构件应标明吊点位置。

预制混凝土构件的工艺如图4-31所示。

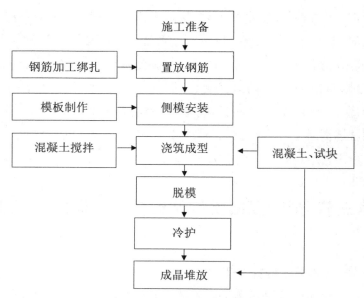

图4-31 预制混凝土构件制作工艺

1.施工准备。预制现场应设有临时的排水沟,预防下雨时原地下沉。对立式地胎模,应表面平整、尺寸准确。优先选用型钢底模,也可采用混凝土或砖胎模,底模应抄平。采用地胎模时应处理地基,夯实平整,表面抄平粉光。地胎模要顺滑,便于脱模。底模使用后应铲除混凝土残渣瘤疤,清扫表面灰尘,涂刷隔离剂。

2.置放钢筋。钢筋骨架安装定位前应检查钢筋骨架中钢筋的种类、规格与数量、几何形状和尺寸是否符合设计要求,铁件规格、数量及焊接是否正确。亦可在隔离剂已干燥的地胎模上绑扎钢筋骨架,以避免预制钢筋骨架在搬动起吊时变形。

3.安装侧模。宜优先选用钢制侧模。侧模安装应平整且结合牢固,拼缝紧密不漏浆,内壁要平整光滑,木模应尽可能刨光,转角处应顺滑无缝以便脱模,几何尺寸要准确,斜撑、螺栓要牢靠,预埋铁件顶留孔洞位置尺寸应符合设计要求。侧模安装后应保持清洁无杂质残渣,以保证混凝土的浇筑质量。

4.浇筑成型。浇捣混凝土前应检验钢筋、预埋件的规格、数量、钢筋保护层厚度及预留孔洞是否符合设计要求,浇捣时应润湿模板,人工反铲带浆下料,构件厚度不超过360毫米时可一次浇筑全厚度,用平板振捣器或插入式振捣器振捣;构件厚度大于360毫米时应按每层300~350毫米厚分层浇筑,振捣器应插入下层混凝土5厘米,以使上下层结合成整体。浇筑时应随振随抹,整平表面,原浆收光。

如构件截面较小、节点钢筋较密、预埋件较多时,容易出现蜂窝,应仔细地用套装刀片的振捣器振捣节点和端角钢筋密集处。振捣混凝土时应经常注意观察模板、支撑架、钢筋、预埋铁件和预留孔洞,发现有松动变形、钢筋移位、漏浆等现象应停止振捣,并应在混凝土初凝前修整完好,继续振捣,直至成型。浇筑顺序应从一端向另一端进行。浇到芯模部位时,注意两侧对称下料和振捣,以防芯模因单侧压力过大而产生偏移。浇到上部有预埋铁件的部位时,应注意捣实下面的混凝土,并保持预埋件位置正确。浇灌混凝土时不得直接站在模板或支撑上操作,不得乱踩钢筋。浇捣完毕后2小时内应进行养护。

5.拆模养护。当混凝土强度达到1.2兆帕以上能保证构件不变形、棱角完整无裂缝时,即可拆除侧模。预留孔洞芯模应在混凝土强度能保住孔洞表面不发生裂缝、不坍陷时方可拆除。注意芯模应在初凝前后转动,以免混凝土凝结后难于脱模。拆模时应精力集中,随拆随运,拆下的模板堆放在指定地点,按规格码垛整齐。

采用自然养护时,在浇筑完成12小时内进行养护,保湿养护不少于14天。

6.成品堆放。当混凝土强度达到设计强度后方可起吊。先用撬棍将构件轻轻撬松脱离底模,然后起吊归堆。构件的移运方法和支承位置,应符合构件的受力情况,防止损伤。

构件堆放应符合下列要求:第一,堆放场地应平整夯实,并有排水措施;第二,构件应按吊装顺序,以刚度较大的方向堆放稳定;第三,重叠堆放的构件,标志应向外,堆垛高度应按构件强度、地面承载力、垫木强度及堆垛的稳定性确定,各层垫木的位置应在同一垂直线上;第四,构件制作的允许偏差应符合设计规定,经检验合格的构件应有合格标志。[1]

---

[1]宋功业,鲁平.现代混凝土施工技术[M].北京:中国电力出版社,2010.

二、预应力钢筋混凝土施工

(一)先张法

先张法是在浇筑混凝土之前张拉钢筋(钢丝)产生预应力。一般用于预制梁、板等构件。预应力混凝土板生产工艺流程如图4-32所示。

施工前将台面的垃圾、泥土等杂物清除干净,然后涂刷隔离剂,待干透后铺筋。钢丝对准两端台座孔眼,按顺序进行,不得交错。钢丝在固定端应用夹具固定在定位板上,张拉端用夹具夹紧,然后用张拉设备张拉,最后锚紧。模板固定即可浇筑混凝土,混凝土应为干硬性混凝土,混凝土下料时应均匀铺撒。振捣采用平板式振动器或用插入式振捣器。

浇捣时应注意台座内每台作业线上的构件,应一次连续将混凝土浇捣完毕,在振捣混凝土时,振捣器要尽可能避免碰撞预应力钢丝和吊环等,以免移动位置和撞断钢丝;混凝土必须振捣密实,在振捣过程中,模板边角处适当多振,以防止蜂窝、麻面等缺陷产生。

混凝土成型12小时内应开始进行养护,当混凝土强度达到设计强度的75%以上,达到设计要求的松张程度时即可放张。

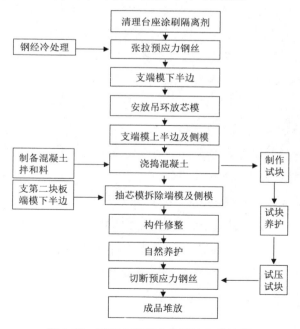

图4-32　预应力混凝土先张法工艺流程

（二）后张法

后张法是在混凝土浇筑的过程中预留孔道,待混凝土构件达到设计强度后,在孔道内穿主要受力钢筋,张拉锚固建立预应力,并在孔道内进行压力灌浆,用水泥浆包裹保护预应力钢筋。后张法主要用于制作大型吊车梁、屋架以及用于提高闸墩的承载能力。其工艺流程如图4-33所示。

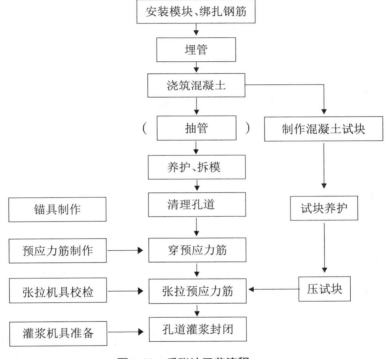

图4-33 后张法工艺流程

如闸墩预应力施工,在张拉前要对钢丝下料编束,埋设钢管、金属波纹管或塑料拔管。然后浇筑混凝土,注意运载工具严禁碰撞预应力管道,振捣器离管道应有一定的距离,以免管道变形或损坏。浇筑时要防止砂浆进入孔道。当发现有变形、移位时,应立即停止浇筑,并在已浇筑的混凝土凝结前修整完好。混凝土应一次浇筑完毕,不允许留施工缝。对塑料拔管要求混凝土终凝后即要放气拔管。

当混凝土达到一定强度后,即可穿钢丝(也可将预应力钢丝先穿入管道,后浇混凝土)。养护至混凝土达到设计标号的70%以上进行张拉,张拉先后顺序,应按设计进行。一般应对称张拉,以免结构承受过大的偏心压力,必要时可分批、分阶段进行。张拉时应注意安全,防止钢筋断裂伤人。预应力筋张、拉结束后,应立即进行灌浆封闭。

目前正推广应用无粘结预应力混凝土,其作法是在预应力筋表面涂刷防锈涂料并包塑料布(管)后,如同普通钢筋一样先铺设在支好的模板内,待混凝土达到可张拉强度后进行张拉锚固。这样无需留孔与灌浆,施工简单,预应力筋易弯成所需要的曲线形状。

第四节 混凝土冬、夏季及雨季施工

一、混凝土冬季施工

(一)混凝土冬季施工的一般要求

现行施工规范规定:寒冷地区的日平均气温稳定在5℃以下或最低气温稳定在3℃以下时,温和地区的日平均气温稳定在3℃以下时,均属于低温季节,这就需要采取相应的防寒保温措施,避免混凝土受到冻害。

混凝土在低温条件下,水化凝固速度大为降低,强度增长受到阻碍。当气温在-2℃时,混凝土内部水分结冰,不仅水化作用完全停止,而且结冰后由于水的体积膨胀,使混凝土结构受到损害,当冰融化后,水化作用虽将恢复,混凝土强度也可继续增长,但最终强度必然降低。混凝土受冻越早,最终强度降低越大。如在浇筑后3~6小时受冻,最终强度降低50%以上;如在浇筑后2~3天受冻,最终强度降低只有15%~20%。如混凝土强度达到设计强度的50%以上(在常温下养护3~5天)时再受冻,最终强度降低极小,甚至不受影响,因此,低温季节混凝土施工,首先要防止混凝土早期受冻。

(二)冬季施工措施

低温季节混凝土施工可以采用人工加热、保温蓄热及加速凝固等措施,使混凝土入仓浇筑温度不低于5℃;同时保证混凝土浇筑后的正温养护条件,在未达到允许受冻临界强度以前不遭受冻结。

1.调整配合比和掺外加剂。应注意以下几点:第一,对非大体积混凝土,采用发热量较高的快凝水泥;第二,提高混凝土的配制强度;第三,掺早强剂或早强减水剂。其中氯盐的掺量应按有关规定严格控制,并不适用于钢筋混凝土结构;第四,采用较低的水灰比;第五,掺加气剂可减缓混凝土冻结时在其内部水结冰时产生的静水压力,从而提高混凝土的早期抗冻性能。但含气量应限制在3%~5%。因为混凝土中含气量每增加1%,会使强度损失5%,为弥补由于加气剂招致的强度损失,最好与减水剂并用。

2.原材料加热法。当日平均气温为-5~-2℃时,应加热水拌和;当气温再低时,可考虑加热骨料。水泥不能加热,但应保持正温。

水的加热温度不能超过80℃,并且要先将水和骨料拌和后,这时水不超过60℃,以免水泥产生假凝。假凝是指拌和水温超过60℃时,水泥颗粒表面将会形成一层薄的硬壳,使混凝土和易性变差,而后期强度降低的现象。

砂石加热的最高温度不能超过100℃,平均温度不宜超过65℃,并力求加热均匀。大中型工程常用蒸汽直接加热骨料,即直接将蒸汽通过需要加热的砂、石料堆中,料堆表面用帆布盖好,防止热量损失。

3.蓄热法。蓄热法是将浇筑法的混凝土在养护期间用保温材料加以覆盖,尽可能把混凝土在浇筑时所包含的热量和凝固过程中产生的水化热蓄积起来,以延缓混凝土的冷却速度,使混凝土在达到抗冻强度以前,始终保证正温。

4.加热养护法。当采用蓄热法不能满足要求时可以采用加热养护法,即利用外部热源对混凝土加热养护,包括暖棚法、蒸汽加热法和电热法等。大体积混凝土多采用暖棚法,蒸汽加热法多用于混凝土预制构件的养护。

(1)暖棚法。即在混凝土结构周围用保温材料搭成暖棚,在棚内安设热风机、蒸汽排管、电炉或火炉进行采暖,使棚内温度保持在15~20℃

以上,保证混凝土浇筑和养护处于正温条件下。暖棚法费用较高,但暖棚为混凝土硬化和施工人员的工作创造了良好的条件。此法适用于寒冷地区的混凝土施工。

(2)蒸汽加热法。利用蒸汽加热养护混凝土,不仅使新浇混凝土得到较高的温度,而且还可以得到足够的湿度,促进水化凝固作用,使混凝土强度迅速增长。

(3)电热法。用钢筋或薄铁片作为电极,插入混凝土内部或贴附于混凝土表面,利用新浇混凝土的导电性和电阻大的特点,通以50~100伏特的低压电,直接对混凝土加热,使其尽快达到抗冻强度。由于耗电量大,大体积混凝土较少采用。

上述几种施工措施,在严寒地区往往是同时采用的,并要求在拌和、运输、浇筑过程中,尽量减少热量损失。

(三)冬季施工注意事项

冬季施工应注意以下几点:第一,砂石骨料宜在进入低温季节前筛洗完毕。成品料堆应有足够的储备和堆高,并进行覆盖,以防冰雪和冻结。第二,拌和混凝土前,应用热水或蒸汽冲洗搅拌机,并将水或冰排除。第三,混凝土的拌和时间应比常温季节适当延长。延长时间应通过试验确定。第四,在岩石基础或老混凝土面上浇筑混凝土前,应检查其温度。如为负温,应将其加热成正温。加热深度不小于10厘米,并经验证合格后方可浇筑混凝土。仓面清理宜采用喷洒温水配合热风枪,寒冷期间亦可采用蒸汽枪,不宜采用水枪或风水枪。在软基上浇筑第一层混凝土时,必须防止与地基接触的混凝土遭受冻害和地基受冻受形。第五,混凝土搅拌机应设在搅拌棚内并设有采暖设备,棚内温度应高于5℃。混凝土运输容器应有保温装置。第六,浇筑混凝土前和浇筑过程中,应注意清除钢筋、模板和浇筑设施上附着的冰雪和冻块,严禁将冻雪冻块带入仓内。第七,在低温季节施工的模板,一般在整个低温期间都不宜拆除。如果需要拆除,要求混凝土强度必须大于允许受冻的临界强度;具体拆模时间及拆模后的要求,应满足温度控制防裂要求。当预计拆模后混凝土表面降温可能超过6~9℃时,应推迟拆模时间,如必须拆模时,应在拆模后采取保护措施。第八,低温季节施工期间,应特别注意温度的检查。[①]

二、混凝土夏季施工

(一)高温环境对新拌及刚成型混凝土的影响

主要影响有以下几点:第一,拌制时,水泥容易出现假凝现象;第二,运输时,坍落度损失大,捣固或泵送困难;第三,成型后直接曝晒或干热风影响,混凝土面层急剧干燥,外硬内软,出现塑性裂缝;第四,昼夜温差较大,易出现温差裂缝。

(二)夏季高温期混凝土施工的技术措施

1.原材料。掺用外加剂(缓凝剂、减水剂);用水化热低的水泥;供水管理入水中,贮水池加盖,避免太阳直接曝晒;当天用的砂、石用防晒棚遮蔽;用深井冷水或冰水拌和,但不能直接加入冰块。

2.搅拌运输。送料装置及搅拌机不宜直接曝晒,应有荫棚;搅拌系统尽量靠近浇筑地点;移动运输设备应遮盖。

3.模板。因干缩出现的模板裂缝,应及时填塞;浇筑前充分将模板淋湿。

4.浇筑。适当减小浇筑层厚度,从而减少内部温差;浇筑后立即用薄膜覆盖,不使水分外逸;露天预制场应设置可移动荫棚,避免制品直接曝晒。

三、混凝土雨季施工

混凝土工程在雨季施工时,应做好以下几个准备工作:第一,砂石料场的排水设施应畅通无阻;第二,浇筑仓面应有防雨设施;第三,运输工具应有防雨及防滑设施;第四,加强骨料含水量的测定工作,注意调整拌和用水量。

混凝土在无防雨棚仓面小雨中进行浇筑时,应采取以下技术措施:第一,减少混凝土拌和用水量;第二,加强仓面积水的排除工作;第三,做好新浇混凝土面的保持工作;第四,防止周围雨水流入仓面。

[①]刘道南.水工混凝土施工[M].北京:中国水利水电出版社,2010.

无防雨棚的仓面,在浇筑过程中,如遇大雨、暴雨,应立即停止浇筑,并遮盖混凝土表面。雨后必须先行排除仓内积水,受雨水冲刷的部位应立即处理。如停止浇筑的混凝土尚未超出允许间歇时间或还能重塑时,应加砂浆继续浇筑,否则应按施工缝处理。

抗冲、耐磨、需要抹面部位及其他高强度混凝土不允许在雨下施工。

第五节 混凝土施工质量控制与缺陷防治

一、混凝土的质量控制

(一)原材料的控制检查

1.水泥。水泥是混凝土主要胶凝材料,水泥质量直接影响混凝土的强度及其性质的稳定性。运至工地的水泥应有生产厂家品质试验报告,工地试验室外必须进行复验,必要时还要进行化学分析。进场水泥每200～500吨同品种、同标号的水泥作一取样单位,如不足200吨亦作为一取样单位。可采用机械连续取样,混合均匀后作为样品,其总量不少于10千克。检查的项目有水泥标号、凝结时间、体积安定性。必要时应增加稠度、细度、密度和水化热试验。

2.粉煤灰。粉煤灰每天至少检查1次细度和需水量。

3.砂石骨料。在筛分场每班检查1次各级骨料超逊径、含泥量、砂子的细度模数。在拌和厂检查砂子、小石子的含水量,砂子的细度模数以及骨料的含泥量、超逊径。

4.外加剂。外加剂应有出厂合格证,并经试验认可。

(二)混凝土拌和物

拌制混凝土时,必须严格遵守试验室签发的配料单进行称量配料,严禁擅自更改。控制检查的项目有以下几项。

1.衡器的准确性。各种称量设备应经常检查,确保称量准确。

2.拌和时间。每班至少抽查2次拌和时间,保证混凝土充分拌和,拌和时间符合要求。

3.拌和物的均匀性。混凝土拌和物应均匀,经常检查其均匀性。

4.坍落度。现场混凝土坍落度每班在机口应检查4次。

5.取样检查。按规定在现场取混凝土试样作抗压试验,检查混凝土的强度。

(三)混凝土浇捣质量控制检查

1.混凝土运输。在混凝土运输过程中,应检查混凝土拌和物是否发生分离、漏浆、严重泌水及过多降低坍落度等现象。

2.基础面、施工缝的处理及钢筋、模板、预埋件安装。开仓前应对基础面、施工缝的处理及钢筋、模板、预埋件安装作最后一次检查。应符合规范要求。

3.混凝土浇筑。严格按规范要求控制检查接缝砂浆的铺设、混凝土入仓铺料、平仓、振捣、养护等内容。

(四)混凝土外观质量和内部质量缺陷检查

混凝土外观质量主要检查表面平整度(有表面平整要求的部位)、麻面、蜂窝、空洞、露筋、碰损掉角、表面裂缝等。重要工程还要检查内部质量缺陷,如用回弹仪检查混凝土表面强度、用超声仪检查裂缝、钻孔取芯检查各项力学指标等。[1]

二、混凝土施工缺陷及防治

(一)外部缺陷

1麻面。麻面是指混凝土表面呈现出无数绿豆大小的不规则的小凹点。

(1)混凝土麻面产生的原因。模板表面粗糙、不平滑;浇筑前没有在模板上洒水湿润,湿润不足,浇筑时混凝土的水分被模板吸去;涂在钢模板上的油质脱模剂过厚,液体残留在模板上;使用旧模板,板面残浆未清理或清理不彻底;新拌混凝土浇灌入模后,停留时间过长,振捣时已有部分凝结;混凝土振捣不足,气泡未完全排出,有部分留在模板表面;模板

①肖同娟,具龙.谈水利工程混凝土施工质量控制与缺陷的防治[J].黑龙江科技信息,2012(9):212.

拼缝漏浆,构件表面浆少,或成为凹点,或成为若断若续的凹线。

(2)混凝土麻面的预防措施。模板表面应平滑;浇筑前,不论是哪种模型,均需浇水湿润,但不得积水;脱模剂涂擦要均匀,模板有凹陷时,注意将积水拭干;旧模板残浆必须清理干净;新拌混凝土必须按水泥或外加剂的性质,在初凝前振捣;尽量将气泡排出;浇筑前先检查模板拼缝,对可能漏浆的缝,设法封嵌。

(3)混凝土麻面的修补。混凝土表面的麻点,如对结构无大影响,可不作处理。如需处理,方法如下:用稀草酸溶液将该处脱模剂油点,或用毛刷洗净污点,于修补前用水湿透;修补用的水泥品种必须与原混凝土一致,砂子为细砂,粒径最大不宜超过1毫米;水泥砂浆配合比为1:(2~2.5),由于数量不多,可用人工在小灰桶中拌匀,随拌随用;按照漆工刮腻子的方法,将砂浆用刮刀大力压入麻点内,随即刮平;修补完成后,即用草帘或草席进行保湿养护。

2.蜂窝。蜂窝是指混凝土表面无水泥浆,形成蜂窝状的孔洞,形状不规则,分布不均匀,露出石子深度大于5毫米,不露主筋,但有时可能露箍筋。

(1)混凝土蜂窝产生的原因。配合比不准确,砂浆少,石子多;搅拌用水过少;混凝土搅拌时间不足,新拌混凝土未拌匀;运输工具漏浆;使用干硬性混凝土,但振捣不足;模板漏浆,加上振捣过度。

(2)混凝土蜂窝的预防方法。砂率不宜过小;计量器具应定期检查;用水量如少于标准,应掺用减水剂;计量器具应定期检查;搅拌时间应足够;注意运输工具的完好性,否则应及时修理;捣振工具的性能必须与混凝土的坍落度相适应;浇筑前必须检查和嵌填模板拼缝,并浇水湿润;浇筑过程中,有专人巡视模板。

(3)混凝土蜂窝修补。如系小蜂窝,可按麻面方法修补。如系较大蜂窝,按下法修补:将修补部分的软弱部分凿去,用高压水及钢丝刷将基层冲洗干净;修补用的水泥应与原混凝土的一致,砂子用中粗砂;水泥砂浆的配合比为1:3~1:2,应搅拌均匀;按照抹灰工的操作方法,用抹子大力将砂浆压入蜂窝内刮平,在棱角部位用靠尺将棱角取直;修补完成后即用草帘或草席进行保湿养护。

3.混凝土露筋、空洞。主筋没有被混凝土包裹而外露,或在混凝土孔洞中外露的缺陷称为露筋。混凝土表面有超过保护层厚度,但不超过截面尺寸1/3的缺陷,称为空洞。

(1)混凝土出现露筋、空洞的原因。漏放保护层垫块或垫块位移;浇灌混凝土时投料距离过高过远,又没有采取防止离析的有效措施;搅拌机卸料入吊斗或小车时,或运输过程中有离析,运至现场又未重新搅拌;钢筋较密集,粗骨料被卡在钢筋上,加上振捣不足或漏振;采用于硬性混凝土而又振捣不足。

(2)露筋、空洞的预防措施。浇筑混凝土前应检查垫块情况;应采用合适的混凝土保护层垫块;浇筑高度不宜超过2米;浇灌前检查吊斗或小车内混凝土有无离析;搅拌站要按配合比规定的规格使用粗骨料;如为较大构件,振捣时专人在模板外用木槌敲打,协助振捣;构件的节点、柱的牛腿、桩尖或桩顶、有抗剪筋的吊环、钢筋的吊环等处钢筋较密,应特别注意捣实;加强振捣;模板四周,用人工协助捣实,如力预制构件,在钢模周边用抹子插捣。

(3)混凝土露筋、空洞的处理措施。将修补部位的软弱部分及突出部分凿去,上部向外倾斜,下部水平;用高压水及钢丝刷将基层冲洗干净,修补前用湿麻袋或湿棉纱头填满,使旧混凝土内表面充分湿润;修补用的水泥品种应与原混凝土的一致,小石混凝土强度等级应比原设计高一级;如条件许可,可用喷射混凝土修补;安装模板浇筑;混凝土可加微量膨胀剂;浇筑时,外部应比修补部位稍高;修补部分达到结构设计强度时,凿除外倾面。

4.混凝土施工裂缝。

(1)混凝土施工裂缝产生的原因。曝晒或风大,水分蒸发过快,出现的塑性收缩裂缝;混凝土塑性过大,成型后发生沉陷不均,出现塑性沉陷裂缝;配合比设计不当引起的干缩裂缝;骨料级配不良,又未及时养护引起的干缩裂缝;模板支撑刚度不足,或拆模工作不慎,外力撞击的裂缝。

(2)预防方法。成型后立即进行覆盖养护,表面要求光滑,可采用架空措施进行覆盖养护;配合比设计时,水灰比不宜过大,搅拌时,严格控制用水量;水泥用量不宜过多,灰骨比不宜过大;骨料级配中,细颗粒不宜偏多;浇筑过程应有专人检查模板及支撑;注意及时养护;拆模时,尤其是使用吊车拆大模板时,必须按顺序进行,不能强拆。

(3)混凝土施工裂缝的修补。一是混凝土微细裂缝的修补。主要有:用注射器将环氧树脂溶液粘结剂或甲凝溶液粘结剂注入裂缝内;注射时宜在干燥、有阳光的时候进行,裂缝部位应干燥,可用喷灯或电风筒吹干,在缝内湿气逸出后进行;注射时,从裂缝的下端开始,针头应插入缝内,缓慢注入,使缝内空气向上逸出,粘结剂在缝内向上填充。二是混凝土浅裂缝的修补。主要有:顺裂缝走向用小凿刀将裂缝外部扩凿成 V 形,宽 5 ~ 6 毫米,深度等于原裂缝;用毛刷将 V 形槽内颗粒及粉尘清除,用喷灯为或电风筒吹干;用漆工刮刀或抹灰工小抹刀将环氧树脂胶泥压填在 V 形槽上,反复搓动,务使紧密粘结;缝面按需要做成与结构面齐平,或稍微突出成弧形。三是混凝土深裂缝的修补。做法是将微细缝和浅缝两种措施合并使用:先将裂缝面凿成 V 形或凹形槽;按上述办法进行清理、吹干;先用微细裂缝的修补方法向深缝内注入环氧或甲凝粘结剂,填补深裂缝;上部开凿的槽坑按浅裂缝修补方法压填环氧胶泥粘结剂。

(二)混凝土内部缺陷

1.混凝土空鼓。混凝土空鼓常发生在预埋钢板下面。产生的原因是浇灌预埋钢板混凝土时,钢板底部未饱满或振捣不足。

(1)预防方法。如预埋钢板不大,浇灌时用钢棒将混凝土尽量压入钢板底部,浇筑后用敲击法检查;如预埋钢板较大,可在钢板上开几个小孔排除空气,亦可作观察孔。

(2)混凝土空鼓的修补。在板外挖小槽坑,将混凝土压入,直至饱满,无空鼓声为止;如钢板较大或估计空鼓较严重,可在钢板上钻孔,用灌浆法将混凝土压入。

2.混凝土强度不足。混凝土强度不足产生的原因主要有:配合比计算错误;水泥出厂期过长,或受潮变质,或袋装重量不足;粗骨料针片状较多,粗、细骨料级配不良或含泥量较多;外加剂质量不稳定;搅拌机内残浆过多,传动皮带打滑,影响转速;搅拌时间不足;用水量过大或砂、石含水率未调整,或水箱计量装置失灵;秤具或称量斗损坏,不准确;运输工具灌浆,或经过运输后严重离析;振捣不够密实。

混凝土强度不足是质量上的大事故,其处理方案由设计单位决定。通常处理方法有:强度相差不大时,先降级使用,待龄期增加,混凝土强度发展后,再按原标准使用;强度相差较大时,经论证后采用水泥灌浆或化学灌浆补强;强度相差较大而影响较大时,拆除返工。

第六节 混凝土施工安全技术

一、施工缝处理安全技术

冲毛、凿毛前应检查所有工具是否可靠。

多人同在一个工作面内操作时,应避免面对面近距离操作,以防飞石、工具伤人。严禁在同一工作面上下层同时操作。

使用风钻、风镐凿毛时,必须遵守风钻、风镐安全技术操作规程。在高处操作时应用绳子将风钻、风镐拴住,并挂在牢固的地方。

检查风砂枪的枪嘴时,应先将风阀关闭,并不得面对枪嘴,也不得将枪嘴指向他人。使用砂罐时需遵守压力容器安全技术规程。当砂罐与风砂枪的距离较远时,中间应有专人联系。

用高压水冲毛,必须在混凝土终凝后进行。风、水管须装设控制阀,接头应用铅丝扎牢。使用冲毛机操作时,应穿戴好防护面罩、绝缘手套和长筒胶靴。冲毛时要防止泥水冲到电气设备或电力线路上。工作面的电线灯应悬挂在不妨碍冲毛的安全高度。仓面冲洗时应选择安全部位排渣,以免冲洗时石渣落下伤人。

二、混凝土拌和的安全技术措施

安装机械的地基应平整夯实,用支架或支脚简架稳,不准以轮胎代替支撑。机械安装要平稳、牢固。对外露的齿轮、链轮、皮带轮等转动部位应设防护装置。

开机前,应检查电气设备的绝缘和接地是否良好,检查离合器、制动器、钢丝绳、倾倒机构是否完好。搅拌筒应用清水冲洗干净,不得有异物。

启动后应注意搅拌筒转向与搅拌筒上标示的箭头方向一致。待机械运转正常后再加料搅拌。若遇中途停机、停电时,应立即将料卸出,不允许中途停机后重载启动。

搅拌机的加料斗升起时,严禁任何人在料斗下通过或停留,不准用脚踩或用铁锹、木棒往下拨、刮搅拌筒口,工具不能碰撞搅拌机,更不能在转动时,把工具伸进料斗里扒浆。工作完毕后应将料斗锁好,并检查一切保护装置。

未经允许,禁止拉闸、合闸和进行不合规定的电气维修。现场检修时,应固定好料斗,切断电源。进入搅拌筒内工作时,外面应有人监护。拌和站的机房、平台、梯道、栏杆必须牢固可靠。站内应配备有效的吸尘装置。操纵皮带机时,必须正确使用防护用品,禁止一切人员在皮带机上行走和跨越;机械发生故障时应立即停车检修,不得带病运行。用手推车运料时,不得超过其容量的3/4,推车时不得用力过猛和撒把。

三、混凝土运输混凝土的安全技术措施

1. 手推车运输混凝土的安全技术措施。运输道路应平坦,斜道坡道坡度不得超过3%;推车时应注意平衡,掌握重心,不准猛跑和溜放;向料斗倒料,应有挡车设施,倒料时不得撒把;推车途中,前后车距在平地不得少于2米,下坡不得少于10米;用井架垂直提升时,车把不得伸出笼外,车轮前后要挡牢;行车道要经常清扫,冬季施工应有防滑措施。

2. 自卸汽车运输混凝土的安全技术措施。装卸混凝土应有统一的联系和指挥信号;自卸汽车向坑洼地点卸混凝土时,必须使后轮与坑边保持适当的安全距离,防止塌方翻车。卸完混凝土后,自卸装置应立即复原,不得边走边落。

3. 吊罐吊送混凝土的安全技术措施。使用吊罐前,应对钢丝绳、平衡梁、吊锤(立罐)、吊耳(卧罐)、吊环等起重部件进行检查,如有破损则禁

止使用。吊罐的起吊、提升、转向、下降和就位,必须听从指挥。指挥信号必须明确、准确。起吊前,指挥人员应得到两侧挂罐人员的明确信号,才能指挥起吊;起吊时应慢速,并在吊离地面30～50厘米时进行检查,确认稳妥可靠后,方可继续提升或转向。吊罐吊至仓面,下落到一定高度时,应减慢下降、转向及吊机行车速度,并避免紧急刹车,以免晃荡撞击人体。要慎防吊罐撞击模板、支撑、拉条和预埋件等。吊罐卸完混凝土后应将斗门关好,并将吊罐外部附着的骨料、砂浆等清除后,方可吊离。放回平板车时,应缓慢下降,对准并放置平稳后方可摘钩。吊罐正下方严禁站人。吊罐在空间摇晃时,严禁扶拉。吊罐在仓面就位时,不得硬拉。当混凝土在吊罐内初凝,不能用于浇筑,采用翻罐处理废料时,应采取可靠的安全措施,并有带班人在场监护,以防发生意外。吊罐装运混凝土时严禁混凝土超出罐顶,以防坍落伤人。应经常检查、维修吊罐。立罐门的托辊轴承、卧罐的齿轮,要经常检查紧固,防止松脱坠落伤人。

4.混凝土泵作业安全技术措施。混凝土泵送设备的放置,距离基坑不得小于2厘米,悬臂动作范围内,禁止有任何障碍物和输电线路。管道敷设线路应接近直线,少弯曲,管道的支撑与固定,必须紧固可靠;管道的接头应密封,Y形管道应装接锥形管。禁止垂直管道直接接在泵的输出口上,应在架设之前安装不小于10米长的水平管,在水平管近泵处应装逆止阀,敷设向下倾斜的管道,下端应接一段水平管,否则,应采用弯管等,如倾斜大于7℃,应在坡度上端装置排气活塞。风力大于6级时,不得使用混凝土输送悬臂。混凝土泵送设备的停车制动和锁紧制动应同时使用,水箱应储满水,料斗内不得有杂物,各润滑点应润滑正常。操作时,操纵开关、调整手柄、手轮、控制杆、旋塞等均应放在正确位置,液压系统应无泄漏。作业前,必须按要求配制水泥砂浆润滑管道,无关人员应离开管道。支腿未支牢前,不得启动悬臂;悬臂伸出时,应按顺序进行,严禁用悬臂起吊和拖拉物件。悬臂在全伸出状态时,严禁移动车身;作业中需要移动时,应将上段悬臂折叠固定;前段的软管应用安全绳系牢。泵送系统工作时,不得打开任何输送管道的液压管道,液压系统的安全阀不得任意调整。用压缩空气冲洗管道时,管道出口10米内不得站人,并应用金属网栏截冲出物,禁止用压缩空气冲洗悬臂配管。[①]

四、混凝土平仓振捣的安全技术措施

浇筑混凝土前应全面检查仓内排架、支撑、模板及平台、漏斗、溜筒等是否安全可靠。仓内脚手脚、支撑、钢筋、拉条、预埋件等不得随意拆除、撬动,如需拆除、撬动,应征得施工负责人的同意。平台上所预留的下料孔,不用时应封盖。平台除出入口外,四周均应设置栏杆和挡板。仓内人员上下设置靠梯,严禁从模板或钢筋网上攀登。吊罐卸料时,仓内人员应注意躲开,不得在吊罐正下方停留或操作。平仓振捣过程中,要经常观察模板、支撑、拉筋等是否变形。如发现变形有倒塌危险,应立即停止工作并及时报告。操作时,不得碰撞、触及模板、拉条、钢筋和预埋件。不得将运转中的振捣器,放在模板或脚手架上。仓内人员要集中思想,互相关照。浇筑高仓位时,要防止工具和混凝土骨料掉落仓外,更不允许将大石块抛向仓外,以免伤人。使用电动式振捣器时,须有触电保安器或接地装置,搬移振捣器或中断工作时,必须切断电源。湿手不得接触振捣器的电源开关。振捣器的电缆不得破皮漏电。下料溜筒被混凝土堵塞时,应停止下料,立即处理。处理时不得直接在溜筒上攀登。电气设备的安装拆除或在运转过程中的事故处理,均应由电工进行。

五、混凝土养护时安全技术措施

养护用水不得喷射到电线和各种带电设备上。养护人员不得用湿手移动电线。养护水管要随用随关,不得使交通道转梯、仓面出入口、脚手架平台等处有长流水。在养护仓面上遇有沟、坑、洞时,应设明显的安全标志。必要时,可铺安全网或设置安全栏杆。禁止在不易站稳的高处向低处混凝土面上直接洒水养护。

①姜卫杰,边广生.现代混凝土结构工程施工新技术[M].徐州:中国矿业大学出版社,2013.

第五章 灌浆工程施工技术

第一节 灌浆种类及灌浆材料

一、水泥灌浆

水泥是一种主要的灌浆材料。效果比较可靠,成本比较低廉,材料来源广泛,操作技术简便,在水利水电工程中被普遍采用。

在缝隙宽度比较大、单位吸水率比较高、地下水流速度比较小、侵蚀性不严重的情况下,水泥灌浆的效果较好。

灌浆工程所采用的的水泥品种,应根据灌浆目的和环境水的侵蚀作用等设计确定。一般情况下,多选用普通硅酸盐水泥或硅酸盐大坝水泥,在有侵蚀性地下水的情况下,可用抗酸水泥等特种水泥。矿渣硅酸盐水泥和火山灰质硅酸盐水泥不宜用于灌浆。

回填灌浆、帷幕灌浆和固结灌浆所用水泥强度等级可为32.5兆帕或以上;坝体接缝灌浆所用水泥强度等级可为42.5兆帕或以上。

水泥的细度对于灌浆效果影响很大,水泥颗粒愈细,浆液才能顺利进入细微的裂隙,提高灌浆的效果,扩大灌浆的范围。一般规定:灌浆用的水泥细度,要求通过标准筛孔的筛余量不大于5%。应特别注意水泥的保管,不准使用过期、受潮结块或细度不符合要求的水泥,一般的水泥浆只能灌注0.2~0.3毫米的裂隙或孔隙。所以,我国研制出了SK型和CX型超细水泥,并在二滩水电站坝基成功试用。

根据灌浆需要,可掺铝粉及速凝剂、减水剂等外加剂,改善浆液的扩散性和流动性。

二、粘土灌浆

粘土灌浆的浆液是粘土和水拌制而成的泥浆。黏土具有亲水性、分散性、稳定性、可塑性和粘着性等特点，可就地取材，成本较低。它适用于土坝坝体裂缝处理及砂砾石地基防渗灌浆。

灌浆用的粘土，要求遇水后吸水膨胀，能迅速崩解分散，并有一定的稳定性、可塑性和粘结力。在砂砾石地基中灌浆，一般多选用塑性指数为 10 ~ 20、粘粒含量为 40% ~ 50%、粉粒含量为 45% ~ 50%、砂粒含量不超过 5% 的土料；在土坝坝体灌浆中，一般采用与土坝相同的土料，或选取粘粒含量 20% ~ 40%、粉粒含量 30% ~ 70%、砂粒含量 5% ~ 10%、塑性指数 10 ~ 20 的重壤土或粉质粘土。粘粒含量过大或过小的粘土都不宜做坝体灌浆材料。

三、化学灌浆

化学灌浆是以各种化学材料配制的溶液作为灌浆材料的一种新型灌浆。浆液流动性好、可灌性高，小于 0.1 毫米的缝隙也能灌入。可以准确地控制凝固时间，防渗能力强，有些化学灌浆浆液胶结强度高，稳定性和耐久性好，能抗酸、碱、水生物、微生物的侵蚀。这种灌浆多用于坝基处理及建筑物的防渗、堵漏、补强和加固。缺点是成本高，有些材料有一定毒性，施工工艺较复杂。

化学灌浆的工艺按浆液的混合方式，可分为单液法和双液法两种灌浆法。

单液法是在灌浆之前，浆液的各组成材料按规定一次配成，经过气压和泵压压到孔段内。这种方法的浆液配合比较准确，设备及操作工艺均较简单，但在灌浆中要调整浆液的比例，很不方便，余浆不能再使用。此法适用于胶凝时间较长的浆液。

双液法是将预先已配置好的两种浆液分别盛在各自的容器内，不相混合，然后用气压或泵压按规定比例送浆，使两液在孔口附近的混合器中混合后送到孔段内，两液混合后即起化学反应，浆液固化成聚合体。这种方法在施工过程中，可根据实际情况调整两液用量的比例，适应性强，储浆筒中的剩余浆液分别放置，不起化学反应，还可继续使用。此法适用于胶凝时间较短的浆液。

化学灌浆材料品种很多。一般可分为防渗透漏和固结补强两大类。前者有丙烯酰胺类、木质素类、聚氨酯类、水玻璃类等;后者有环氧树脂类、甲基丙烯酸酸类等。

四、沥青灌浆

沥青灌浆材料是指用于防水、防渗灌浆的沥青或改性沥青材料。沥青灌浆堵漏的作用机理是将沥青加热到适当温度,使之具有一定的流动性,通过耐热泵和输送管道输送到渗漏部位。由于沥青与水不互溶,热沥青遇水冷却后,即发生分散作用,沥青的不断灌入,分散的沥青不断凝聚并铺展开来,逐渐黏附在缝壁上,随着沥青黏附层的不断加厚,渗水通道不断缩小直至完全堵塞。①

沥青灌浆具有不被水稀释流失的特点,特别适合于流量大、流速高的渗漏场合的堵漏处理。当沥青灌浆与水泥灌浆复合使用时,堵漏效果更佳。

适用于沥青灌浆的中国产石油沥青有30号建筑石油沥青、60号道路石油沥青、100号道路石油沥青和75号普通石油沥青。灌浆用沥青的软化点宜控制在40℃~70℃的范围。根据沥青灌浆施工环境的不同,实际施工时可采用稀释回配的方法配制满足使用要求的灌浆用沥青。在灌浆用沥青中掺加5%~12%的苯乙烯—丁二烯嵌段共聚物SBS、无规聚丙烯APP等改性材料,可以改善沥青的变形性能,提高常温弹性,降低低温脆性。改性沥青可适用于变形裂缝的灌浆堵漏。

第二节 砂卵石地基灌浆

一、砂卵石地基可灌性

可灌性是指砂砾石地基能接受灌浆材料灌入程度的一种特性。影响

---

①黄亚梅, 张军. 水利工程施工技术[M]. 北京:中国水利水电出版社,2014.

可灌性的主要因素有地基的颗粒级配、灌浆材料的细度、灌浆压力和施工工艺等。一般常用以下几种指标进行评价。

1.可灌比M。其公式为：$M = \dfrac{D_{15}}{D_{85}}$。式中$D_{15}$为地基砂砾颗粒级配曲线上相应于含量为15%的粒径，单位为毫米；D_{85}为灌浆材料颗粒级配曲线上相应于含量为85%的粒径，单位为毫米。

当M值愈大，地基的可灌性愈好。M=5～10时，可灌含水玻璃的细粒度水泥粘土浆；M=10～15时，可灌水泥粘土浆；当M≥15时，可灌水泥浆。

2.渗透系数K。其公式为：$K = \alpha D_{10}^2$。式中K为砂砾石层的渗透系数，单位为米/秒；D_{10}为砂砾石颗粒级配曲线上相应于含量为10%的粒径，单位为厘米；α为系数。

当K值愈大，可灌性愈好。K<3.5/10000米/秒时，采用化学灌浆；K=(3.5～6.9)/10000米/秒时，采用水泥粘土灌浆；K≥(6.9～9.3)/10000米/秒时，采用水泥灌浆。

3.不均匀系数C_u。其公式为：$C_u = \dfrac{D_{60}}{D10}$。式中$D_{60}$为砂砾层颗粒级配曲线上相应于含量为60%的粒径，单位为毫米；D_{10}为砂砾层颗粒级配曲线上相应于含量为10%的粒径，单位为毫米。

C_u的大小反映了砂砾石颗粒不均匀的程度。C_u较小时，砂砾石的密度较小，透水性较大，可灌性较好；C_u较大时，透水性小，可灌性差。

在实际工程中，除对上述有关指标综合分析确定外，还要考虑小于0.1毫米颗粒含量的不利影响。砂砾石地基灌浆，多用于修筑防渗帷幕，防渗是主要目的。所以，一般采用水泥粘土混合灌浆。要求帷幕幕体的渗透系数降到1/1000～1/100000厘米/秒以下，28天结石强度达到0.4～0.5兆帕。

浆液配比视帷幕设计要求而定，常用配比为水泥:粘土=1:2～1:4（重量比）。浆液稠度为水:干料=6:1～1:1。

水泥粘土浆的稳定性和可灌性优于水泥浆，固结速度和强度优于粘土。但由于固结较慢，强度低，抗渗抗冲能力差，多用于低水头临时建筑的地基防渗。为了提高固结强度，加快粘结速度，可采用化学灌浆。

二、钻灌施工方法

砂砾石地基灌浆孔除打管外,都是铅直向钻孔,造孔方式主要有冲击钻进和回转钻进两类。地基防渗帷幕灌浆的方法,可分为以下几种。

(一)打管灌浆

灌浆管由钢管、花管、锥形管头组成,用吊锤或振动沉管的方法打入砂砾石地基受灌层。每段在灌浆前,用压力水冲洗,将土砂等杂质冲出地表或压入地层灌浆区外部。采用纯压式或自流式压浆,自上而下、分段拔管分段灌浆,直到结束。此法设备简单,操作方便,适于覆盖层较浅、砂石松散及无大孤石的临时工程。施工程序如图5-1所示。

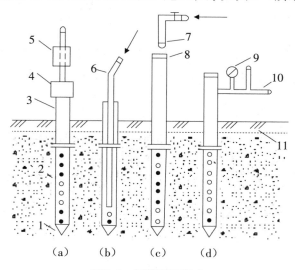

图5-1 打管灌浆程序

(a)打管;(b)冲洗;(c)自流灌浆;(d)压力灌浆
1套锥;2花管;3钢管;4管帽;5打管锥;6冲洗用水管;7注浆管;8浆液面;9压力表;10进浆臂;11压重层

(二)套管灌浆

此法是边钻孔边下套管进行护壁,直到套管下到设计深度。然后将钻孔冲洗干净,下灌浆管,再拔起套管至第一灌浆段顶部,安灌浆塞,压浆灌注。自下而上,逐段拔管,逐段灌浆,直到结束。其施工工艺如图5-2所示。

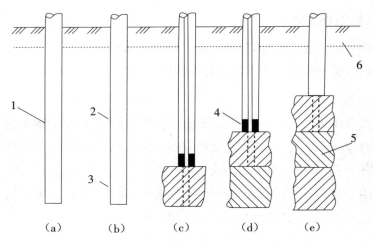

图5-2　套管灌浆程序

（a）钻孔下套管；（b）下灌浆管；（c）拔套管灌1段浆；（d）拔套管灌2段浆；（e）拔套管灌3段浆

1护壁套管；2灌浆管；3花管，4止浆塞；5灌浆段；6盖重层

（三）循环灌浆

该法是一种自上而下，钻一段灌一段，无需待凝，钻孔与灌浆循环进行的灌浆方法。钻孔时需用粘土浆固壁，每个孔段的长度视孔壁稳定情况和渗漏大小而定，一般取1～2米。此方法不设灌浆塞，而是在孔口管顶端封闭。孔口管设在起始段上，具有防止孔口坍塌、地表冒浆、钻孔导向的作用，以提高灌浆质量。工艺过程如图5-3所示。

（四）埋花管灌浆

在钻孔内预先下入带有射浆孔的灌浆花管，花管外与孔壁之间的空间注入填料，在灌浆管内用双层阻浆器分段灌浆，其工艺过程为：钻孔及护壁—清孔更换泥浆—下花管和下填料—开环—灌浆。如图5-4所示。

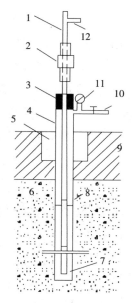

图5-3 循环灌浆

1灌浆管（钻杆）；2钻机竖轴；3封闭器；4孔口管；5凝土封口；6防浆环（麻绳缝箍）；7射浆花管；8孔口管下花管；9盖重层；10回浆管；11压力表；12进浆管

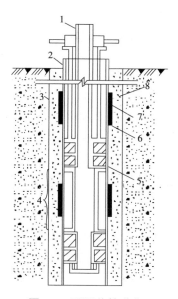

图5-4 预埋花管灌浆

1灌浆管；2花管，3射浆孔；4灌浆段；5双栓灌浆塞；6铅丝（防滑环）；7橡皮翻；8填料

一般用回转式钻机钻孔,下套管护壁或泥浆护壁;钻孔结束后,清除孔内残渣,更换新鲜泥浆;用泵灌注花管与套管空隙内的填料,边下料、边拔管、边浇筑直到全部填满将套管拔出为止;孔壁填料待凝5~15天,具有一定强度后,压开花管上的橡皮圈,压裂填料形成通路,称为开环;然后用清水或稀浆灌注5~10分钟,开始灌浆,完成每一排射浆孔(即一个灌浆段)的灌浆后,进行下一段开环灌浆。[①]

第三节 岩基灌浆

一、钻孔

先进行放样。一般用测量仪器放出建筑物边线或中线后,由中线或边线确定灌浆孔的位置。开孔位置与设计位置的偏差不得大于10毫米,帷幕灌浆还应测出各孔高程。对于直孔或倾角小于5°的斜孔,其孔斜最大允许偏差值如表5-1所示。

表5-1　孔斜允许值

孔深(米)	20	30	40	50	60
孔斜最大允许偏差值(米)	0.25	0.50	0.80	1.25	1.2

灌浆孔有铅直孔和倾斜孔。裂隙倾角小于40°的可打直孔,以提高工效。多采用回转式钻机钻孔,钻孔效率高,不受孔深孔向和岩石硬度的限制。回转式钻机的钻头,有硬质合金、钢粒和金刚石三种。在Ⅶ级以下的岩石中,采用硬质合金钻头,钻进效率较高;Ⅶ级以上的坚硬岩石,采用钢粒钻进,但产生的岩粉多、铁屑多,孔径不均,且只能钻直孔;在石质坚硬且较完整的岩石中,采用金刚石钻头,效率高,孔径均匀,且不受孔向影响,但成本高。孔径由岩石情况、孔的类别、钻孔深度而定,灌浆孔一般为75~91毫米,检查孔为110~130毫米。

各灌浆孔都是采用逐步加密的施工顺序。先进行第一序孔的钻孔,灌浆后再依次进行第二序孔的钻孔。这样,后序灌浆孔即可作为前序孔的检查孔,进行压水试验,如果单位吸水率达到了设计值,可省去后序孔的灌浆。帷幕孔布孔特点为"线、单、深",固结孔的布孔特点为"面、群、浅",其布孔顺序如图5-5所示。

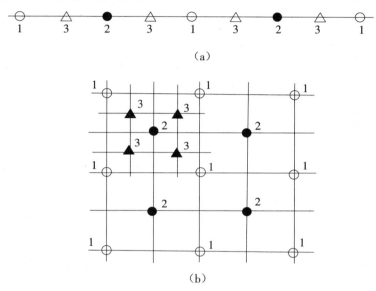

图5-5　钻孔灌浆顺序

(a)帷幕灌浆;(b)固结灌浆

1、2、3钻灌次序

二、冲洗

1.高压水冲洗。将该孔段冲洗压力尽可能的提高,可达到灌浆压力的80%,该值若大于1兆帕时,采用1兆帕。在规定的灌浆压力下,达到回水完全清洁,延续20分钟达到稳定流量止。

2.高压脉冲冲洗。就是用高低压反复冲洗,先用高压(灌浆压力的80%)冲洗5~10分钟后,将孔口压力在极短的时间内突然降低到零,形成反向水流,将缝隙中的碎屑带出,浊水变清后,再将压力升到原来的压力,维持几分钟,又突然降为零,一升一降,反复冲洗,直到回水变清,再延续5~20分钟结束。压差越大,效果越好。

3.扬水冲洗。对于地下水位较高,水量丰富的钻孔,可以采用扬水法。冲洗时,先将冲洗管下入钻孔底部,压入压缩空气,孔内水气混合,由于重量轻,在地下水和压缩空气的作用下,喷出孔口外,将孔内杂物带出。连续通水通气;直到钻孔冲净为止。在断层破碎带地区,冲洗效果最好。

4.群孔冲洗。一般适用于岩层破碎、节理裂隙比较发育的岩层中。根据设备能力和地质条件,常把2~5个裂隙互相串通的钻孔组成一批孔组,向一个或几个孔压入压力水和压缩空气,而从另外的孔排出污水,互为轮换,反复交替冲洗,直到各孔出水洁净为止。[①]

三、压水试验

压水试验是在一定压力条件下,通过钻孔将水压入孔壁的周围的缝隙中去,根据压入的水量和压入时间来计算出的反映出岩层渗透特性的技术参数。在我国,岩层的渗透特性一般多用单位吸水量W来表示。单位吸水量,就是在单位时间内,单位水头压力作用下压入单位长度试验孔段内的水量。

压水试验在裂隙冲洗结束后进行。试验孔段长度和灌浆段长度一致,一般为5~6米。试验采用纯压式压水方法。按下式计算:$W = \dfrac{Q}{L}H$。式中W为单位吸水量;Q为试验孔段压入流量,单位为升/分钟;L为试验孔段长度,单位为米;H为试验孔段的计算水头,单位为米。

压水试验的压力,采用同段灌浆压力的80%,该值若大于1兆帕时,取1兆帕。

帷幕灌浆,在设计压力下,压水20分钟结束。其间,每5~10分钟测一次压入水量,取最后的流量值作为计算流量。

四、灌浆施工

(一)灌浆设备

水泥灌浆所用的设备主要由灰浆搅拌机、灌浆泵、管路、灌浆塞等组成。搅拌机由上下两个简体及拌灰装置、传动装置组成,容量为100~200升,作用是连续供应灌浆泵所用浆液。灌浆用的泵一般为活塞式灌

[①]杨晨熙. 水利工程岩基灌浆施工技术研究[J]. 科技风,2018(16):171.

浆泵,按缸体轴线方向分为立式和卧式两种。立式为单缸,卧式分单缸和双缸两类。卧式为常用,工作原理如图5-6所示。当活塞右移时,为吸浆;左移时,为压浆,浆液被压入空气室(起稳压作用),再压入管路中去。

管路的作用是输送浆液。有内外管、返浆管及高压输浆管之分,一般采用高压胶管。灌浆塞的作用是分隔密封灌浆孔段,进行分段灌浆,提升灌浆压力。主要包括灌浆头、扩张器(胶球)和一些管阀组成。扩张器被夹紧在底座和顶座之间,借孔口的丝杆压紧而扩张,与孔壁贴紧,起到阻浆作用。

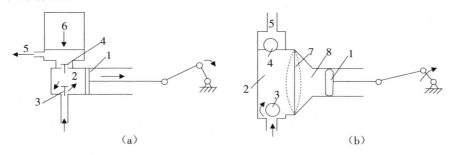

(a)   (b)

图5-6 活塞卧式灌浆泵工作原理

(a)单缸柱塞泵;(b)单缸隔膜泵
1活塞;2阀门;3吸浆阀;4压浆阀;5压力管道;6空气室;7橡胶隔膜;8水

(二)钻灌次序

在帷幕灌浆与固结灌浆中,钻孔与灌浆都要遵循分序加密的原则。通过分序加密,浆液逐渐被挤压密实,促进灌浆的连续性;逐序提高灌浆压力,有利于浆液的扩散和密实;通过每序孔的单位吸水量和单位吸浆量的变化,判断先序孔的灌浆效果;可减少串浆现象的发生。布孔时先稀后密,对于帷幕灌浆,序孔按8~12米进行钻孔,然后进行灌浆,二、三、四序孔距分别为4~6米,2~3米,1~1.5米,分别钻孔灌浆。在有地下水或蓄水状态下灌浆,双排帷幕,应先下排,后上排;三排帷幕,先下排,然后上排,最后中间排,以免浆液过多地流失。

固结灌浆,在孔深小于5米、岩层比较完整的条件下,可采用两序孔,方格型布点,最后孔序的孔距一般采用3~4米。固结灌浆宜在混凝土压重下进行。

(三)灌浆方式与方法

灌浆方法包括每个孔段的浆液灌注方式和每孔的钻灌顺序。

1.灌注方式。浆液灌注方式分为纯压式和循环式两种。工作原理如图5-7所示。

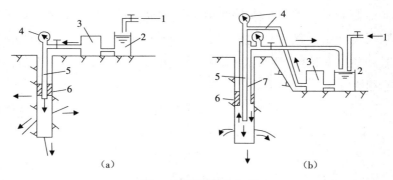

图5-7　浆液灌注方式

(a)纯压式;(b)循环式
1水;2拌浆筒;3灌浆泵,4压力表;5灌浆管;6灌浆塞,7回浆管

(1)纯压式灌浆。采用单根灌浆管,浆液压入孔段后,只能向岩石缝隙扩散,不能返回,如图5-7(a)所示。此法设备简单,操作方便,但流速小,易沉淀,只用于吸浆量很大、浅孔岩基固结灌浆,化学浆液是稀溶液,无沉淀问题,所以采用纯压式灌浆。

(2)循环式灌浆。灌浆泵把浆液压入钻孔后,浆液一部分进入岩层裂隙中去,另一部分由回浆管返回拌浆筒,如图5-7(b)所示。此法在灌浆中,浆液在孔段内始终处于循环流动状态,有效地防止固体颗粒材料在灌浆中沉淀。

2.钻灌方法。按一个钻孔的灌浆顺序可分为全孔一次灌浆法、全孔分段灌浆法两类。

(1)全孔一次灌浆法。是将钻孔一次钻到设计深度,灌浆塞卡在孔口,全孔一次灌浆。这种方法虽然施工简单,但效果不佳,仅用于孔深小于6米、岩石较完整的地基。

(2)全孔分段灌浆法。将全孔分为若干段进行钻孔灌浆,按顺序不同,又有自上而下分段、自下而上分段、综合分段及孔口封闭灌浆法。分段长度对灌浆质量有一定影响,帷幕一般控制在5~6米,地质条件好的地区,可放宽到10米以内,地质条件差的地区,降到3~4米,坝体混凝土和基岩的接触段应先行单独灌浆并待凝,接触段在岩石中的长度不得大于2米。对于孔口封闭灌浆,孔段长度适当降低,地面以下10米内,分段长依次为2米、2米、3米、3米,10米以下各段长为4米。

自上而下分段灌浆法将全孔分为3~5米若干段,自上而下钻一段灌一段,如图5-8所示。其优点是随着孔深的增加,可逐段提高灌浆压力,保证灌浆质量;上段凝固后,才能灌下一段,可以防止地表冒浆;分段压水试验,成果准确,有利于分析判断各段灌浆质量。但钻机移动次数多、钻孔工效低、待凝时间长,对施工不利。适用于地质条件差、岩石破碎、灌浆要求高的地区。

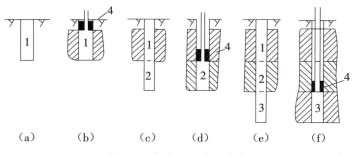

图5-8　自上而下分段灌浆

(a)第1段灌浆;(b)第2段灌浆;(c)第3段灌浆;(d)第4段灌浆;(e)第5段灌浆;(f)第6段灌浆

自下而上分段灌浆法是将全孔一次钻完,然后自下而上,利用灌浆塞分段灌浆,如图5-9所示。这种方法提高了钻机的工作效率,钻灌互不干扰,进度较快,但灌浆压力不能太大,易发生卡塞、串浆和绕塞返浆等,故仅适用于岩层较完整,裂隙较少的地区。

对于天然地基中,通常是接近地表的岩层比较破碎,下部岩层比较完整,常采用综合分段灌浆法。当钻孔较深时,在上部孔段采取自上而下分段钻孔灌浆,下部采取自下而上分段钻孔灌浆,取其两者的优点。

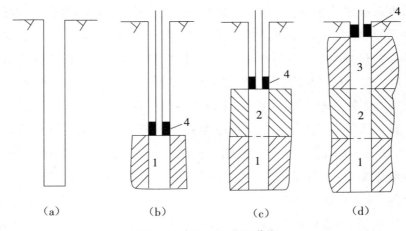

图5-9　自下而上分段灌浆

（a）一次钻孔；（b）第1段灌浆；（c）第2段灌浆；（d）第3段灌浆
1、2、3灌浆段顺序；4灌浆塞

　　孔口封闭灌浆法是用封闭器代替灌浆塞，将封闭器设在孔口，自上而下分段钻孔和灌浆的一种方法。适用于最大灌浆压力大于3兆帕帷幕灌浆工程。灌浆必须采用循环式自上而下分段灌浆方法。孔口段以下的3~5个灌浆段，段长宜短，压力递增宜快，再向下的各灌浆段段长宜为5米，灌浆压力提到设计的最大压力。施工过程为：先钻一浅孔，深度不小于2米，进行表层灌浆，结束后埋入直径为75毫米、长度不小于2米的钢管作孔口管，然后自上而下进行小孔径钻孔，钻一段，灌一段，中间不待凝，钻灌结合，连续作业，工效高，进度快，成本低，工艺简单，受到施工单位的欢迎。不足之处是孔口管不能回收，浪费钢材，全孔多次复灌，压水试验不够准确。灌浆进行中，如同时满足以下两个条件方可结束：第一，在设计压力下，注入率不大于1升/分钟时，延灌时间不少于90分钟；第二，灌浆全过程中，在设计压力下的灌浆时间不少于120分钟。

第四节 地基高压喷射灌浆

一、高压喷射灌浆的分类

按射流介质不同,高压喷射灌浆可分为以下几类:一是单介质喷射,亦称为单管喷射,它直接将浆液通过水平喷嘴喷射灌入地层。二是双介质喷射,亦称为双管喷射,是在一根较大的钢管中并列安装浆、气两管,至管底后,经水平喷嘴将浆液与压缩空气同轴喷射,压缩空气在外,形成气幕保护浆流,减少土壤对浆液的摩阻,可使浆液喷射得更远,掺搅作用更为强烈。三是三介质喷射,亦称三管喷射,水、气、浆三管并列,至管底后,水、气沿水平向同轴喷射、冲切掺搅地层,同时浆液被从管底向下低压压出,受水气射流的卷吸作用,沿喷射方向被挟带灌入冲切范围。由于气包的是水,粘度低,比双介质喷射的气包浆受到的、摩阻力小,所以冲切距离更大。四是多介质(气粉)喷射,在双管或三管喷射中,利用压缩空气的挟带作用,将灌浆材料,如水泥干粉或水泥浆灌入地层,可以浆、气、粉喷射,亦可以水、气、粉或水、气、粉、浆喷射。

目前,高压喷射防渗板、墙施工多采用三介质喷射法。

二、高压喷射灌浆的设备与工艺

(一)高压喷射灌浆的设备

三介质高压喷射灌浆施工设备如图5-10所示,由气、水、浆喷射管路系统、喷管提升转角系统、造孔及浆液回收系统等组成。

1.水系统。包括高压水泵、压力表、高压截止阀、高压胶管等。高压水泵采用三柱塞泵,最高输出压力达50兆帕;高压截止阀用于排泄高压水,调节喷射压力;高压胶管的工作允许压力30～60兆帕。

2.气系统。包括空压机、转子流量计、气阀、输气胶管等。空压机用于生产压缩空气,转子流量计和气阀用于测量和调控排气量。

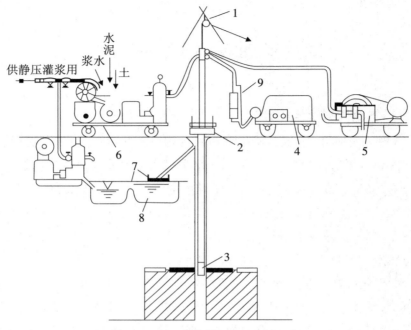

图5-10　高压喷射灌浆设备组装示意图

1三角架;2孔口装置;3喷头;4空气压缩机;5高压水泵;6搅浆机;7筛;8蓄浆池;9转子流量计

3.浆系统。包括搅灌机(搅浆灌浆机组)和输浆胶管。

4.喷射管路系统。包括高压水龙头、喷射管和喷头三部分。水、气、浆三管并列装在108毫米的无缝钢管中,顶部为高压龙头。喷嘴构造如图5-11所示。气嘴与水嘴同心套放,环状间隙1~2毫米。水气喷嘴应于喷射管底部两侧对称布置,一般为水平式或下倾式,如图5-12所示。水平式的喷射受力互相平衡,喷管稳定。下倾式的喷射方向下倾10°~20°,可改善凝结体与基岩界面的结合质量,并有利于使大颗粒位移易被浆液包裹。因为在岩层界面凹凸不平以及风化破碎情况下,下倾式喷射可将岩面切割剥离,冲刷干净,使形成的凝结体与岩层结合紧密,有利于防止层面集中渗漏。

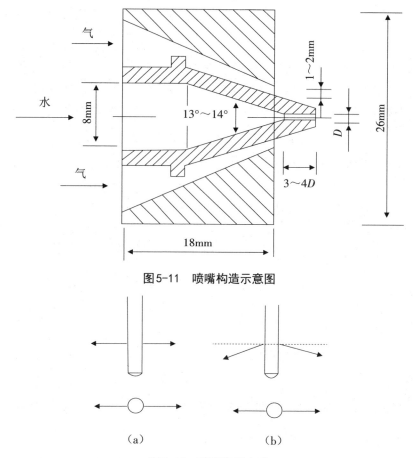

图5-11　喷嘴构造示意图

图5-12　喷嘴布置方式

（a）水平式；（b）下喷式

5.喷管提升及转角系统。孔口设转盘,用以根据需要控制喷管转角进行旋转、定向或摆动喷射（如图5-13所示）、提升系统由卷扬机、三角架和导向滑轮组成,在旋、定、摆喷射的同时,按要求速度缓慢提升喷管。

旋转喷射　　定向喷射　　摆动喷射

图5-13　旋、定、摆喷射示意图

6.造孔系统。一般用J-100型岩心钻机钻孔,泥浆护壁,成孔后吊入喷管。

7.浆液回收系统。在喷射灌注过程中,孔内水、气将挟带部分浆液及细小土粒沿喷管周围间隙升至地面,称为冒浆。冒出的浆液经沉砂过滤后,用回浆泵送返搅灌机内,再掺加适量水泥搅拌加浓后重复使用。[1]

(二)高压喷射灌浆的施工工艺

高压喷射灌浆工艺流程如图5-14所示。

高喷施工必须联合作业。水、气、浆等各项工艺参数,均须按设计要求通过现场试验选择最佳工作状态,才能投入使用。

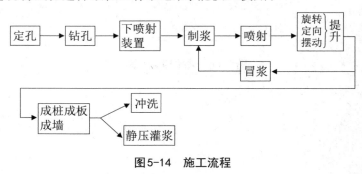

图5-14 施工流程

三、防渗体的形成、性能与连接形式

(一)单孔形成凝结体的条件与形状

采用不同的喷射灌浆方式,可以形成不同形状的凝结体。在缓慢连续提升的过程中,旋转、定向、摆动喷射可以分别形成断面为圆形(称为旋喷桩)、长条形和哑铃形等凝结体,如图5-15所示。图中延伸长度系指喷射管中心至凝结体边缘最大长度,有效长度系指喷射管中心至凝结体均匀链接部分的长度。

---

①王明森. 高压喷射灌浆防渗加固技术[M]. 北京:中国水利水电出版社,2010.

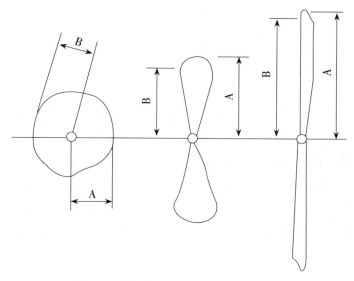

图5-15 旋、定、摆喷射体断面形状

A延伸长度;B有效长度

旋喷桩的喷射有效长度0.6～1.5米,桩径1.2～2.5米。桩断面往往并不是完整的圆形,而且沿桩长直径大小也不均匀,表面常呈海参状。这与土质不均,提升、旋转速度变化等因素有关。断面上,中心处颗粒细,外侧颗粒粗,周围常出现几厘米的硬壳,这是喷射冲击挤压的结果。

在相同的工作条件下,摆喷形成的哑铃状凝结体有效长度较旋喷桩的大0.5～1.0倍,厚度于摆角大小有关。中心处形成圆桩,直径0.3～0.6米,紧靠中心两侧,凝结体厚为0.1～0.5米,往外则逐渐变厚,最远处最厚,端面呈弧形。

定喷板状凝结体有效长度较旋喷桩的大1～2倍,板体厚度在同一地层内是比较均匀的,在不同的地层其厚度变化范围3～40厘米,尾部出现不连续情况。板体侧面形成水平凹凸线条,呈木纹状,是阻力不均和喷射停留时间不等的结果。在砂砾地层,板体两侧有3～10厘米厚的渗透凝结层。地层颗粒粗,透水性强,该层就厚,反之就薄。在板体与渗透凝结层之间常出现强度高,防渗性强的"浆皮"层,这里水泥含量高,胶结较好,较密实。

凝结体的形状、尺寸、密实度与很多因素有关,如水压与水量,气压与气量,浆压与浆量,提升与旋、摆速度,地层结构致密程度及颗粒粒径等。

(二)凝结体的性能

凝结体的物理力学性质受浆材性质的影响很大。常用的高喷浆材有两类:一类是纯水泥浆;另一类是粘土水泥浆。纯水泥浆材在砂砾石地层中形成水泥砂浆凝结体,在粘土地层中形成水泥土凝结体;粘土水泥浆在砂砾层中形成水泥粘土砂浆凝结体,在粘土层中形成水泥土凝结体。凝结体各部位的性质差异较大,但主体部分(板体和浆皮层)的强度是不低的,而渗透系数和弹模又较小,故强度、抗渗能力、适应变形的能力都是足够的。

浆液中含适量粘土成分,将降低凝结体的强度,但能改善防渗性能。防渗帷幕处于地下,并不要求凝结体有高强度,而对变形的适应性却很重要。含一定粘土成分的水泥粘土浆所形成的凝结体更能满足这种要求,所以高喷防渗板墙施工有更多采用水泥粘土浆材的趋势。如果地层中粘土含量已较大,则以灌纯水泥浆为好。

(三)凝结体连接形式

防渗板、墙是由相距适当距离的一系列单喷凝结体连接而成的。连接的可靠性是防渗是否可靠的关键。凝结体的连接形式有两种,如图5-16所示,一种是切割式连接,即在先期形成的凝结体强度还不高时,即开始邻孔喷射,后喷的射流可以将其冲开,使新老砂浆胶凝成整体,形成插入式连接;另一种是焊接式连接,即当先期凝结体强度已较高,难以实现切割,但在喷射流作用下,可将其表面冲刷剥离干净。新的浆液仍能较好与之粘结。所以,如能严格控制布孔距离在有效长度之内并掌握好喷射参数,无论切割式或焊接式连接,防渗都是可靠的。只是切割式较焊接式更理想一些。

高喷防渗墙的平面布置形式多种多样,各有特点,可根据实际条件选用。一般而言,在含大颗粒地层,采用摆喷是必要的,浆液易将大颗粒包裹住,不致像定喷那样墙体被隔断。兼有防渗和提高承载力双重任务的工程,采用圆柱桩套接或桩板结合式较好,主要防渗工程还可布置双排防渗墙。

　　影响高喷施工的防渗板、墙质量的因素较多,故为慎重起见,每项工程施工之前,均必须在现场进行围井(即利用3～4个喷射孔喷成的板墙围成的三角形或四边形封闭井)试验,以确定适合当地具体条件的工艺参数,然后方能正式施工,且施工完毕还应于下游侧在已成板墙的基础上喷成围井,挖去井中土体后直接检查渗水情况。

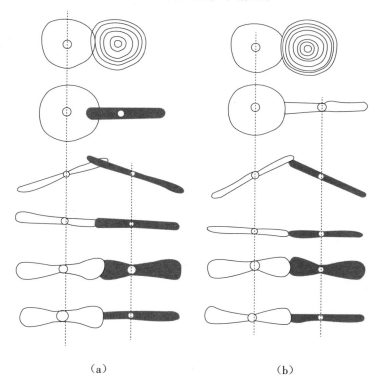

（a）　　　　　　　　　　　　（b）

图5-16　防渗墙连接形式

（a）切割式连接(左先喷,右后喷);(b)焊接式连接(左先喷,右后喷)

第五节 土坝劈裂灌浆

一、土坝劈裂灌浆加固机理

位于河槽段的均质土坝或粘土心墙坝,其横断面基本对称,当上游水位较低时,荷载也基本对称,如该坝段又较长,则属于弹性力学的平面应变问题,坝轴线上任一点处,土体的大、中、小主应力作用面分别是水平面、坝体横断面和通过坝轴线的纵断面。如果在该点施以灌浆压力,则只要该压力大于小主应力和土体抗拉强度之和,土体就会沿纵断面开裂。如能维持该压力,裂缝就会由于其尖端的拉应力集中作用而不断延伸(即所谓水力劈裂),从而形成一个相当大的劈裂缝,而且,坝体一旦被劈裂,在劈裂段阻止裂缝横向扩展的土体抗拉强度也不再起作用。因此,即使只是维持起始灌浆压力,劈裂缝也会在横向得到一定的加宽。实际上,灌浆是在钻孔内进行的,也就是在坝体的水平面上形成了孔口,由于孔口的应力集中作用,孔口在坝轴线处的压应力会比小主应力显著增大,所以该点的灌浆压力只有相应地加大,才有可能起裂。

劈裂灌浆裂缝的扩展是多次灌浆形成的,因此,浆脉也是逐次加厚的。一般单孔灌浆次数不少于5次,有时多达10次,每次劈裂宽度较小,可以确保坝体安全。

每次灌浆劈裂的厚度,沿裂缝长度各不相同,其关系如下:$\delta(x) = \frac{4AB}{E}(p - \sigma_3)\sqrt{c^2 - x^2}$。式中E为弹性模量,单位为帕;p为缝内平均压力,单位为帕;σ_3为垂直于劈裂缝的坝体应力,单位为帕;c为裂缝半长,单位为米;A为考虑土的弹塑性、沉陷等性质的修正系数;B为考虑空间作用的修正系数,小于1.0。

由此可知:裂缝最大开展宽度在x=0处,裂缝最大开展宽度δ与压力差(p-σ_3)、裂缝长度c成正比,与弹模E成反比。随着灌浆次数的增多,坝体密度加大,σ_3和E增加,裂缝开展宽度将减小,单位时间进浆量将减少,或者进浆量相同而压力有所增加。当 p 值减小或 σ_3 增大,δ 将减小。所以灌浆停止后(p 减小),裂缝将在增大后的 σ_3 的作用下回弹压缩泥浆脉。

灌浆时的浆压坝和停灌后的坝压浆,是浆、坝互压的两个不同阶段,其结果既加密了坝体,使 σ_3 增大有利于以后的抗裂,同时泥浆被压密促进固结,可达一定的密实度要求。劈裂灌浆利用这一规律达到提高灌浆质量的目的。

泥浆的含水量高达90%,这些水会对一些坝体产生湿陷作用,湿陷作用的大小与土坝施工质量和土料性质有关。坝体湿陷的规律是:湿陷作用主要产生于无水坝段,在坝顶出现对称于灌浆轴线的凹陷。湿陷率可达坝高的1%~3%。湿陷不可能均匀,会在坝顶出现湿陷裂缝,宽0.5~2厘米,深1~3米,方向很不规则,常称为"假劈裂"。这些缝经多次复灌后,有的会闭合,未闭合的在灌浆后期可用辅助灌浆工艺处理。

粉质土、黄土、碾压不好的粘性土、结构不稳定的松堆土,湿陷都比较明显;而压实好的土、粘粒含量大的土(如红粘土等),湿陷很少。

基于劈裂灌浆的原理,只要施加足够的灌浆压力,任何土坝都是可灌的,但只在下列情况下才考虑采用劈裂灌浆:①松堆土坝。②坝体浸润线过高。③坝体外部、内部有裂缝或大面积的弱应力区(拉应力区、低压应力区)。④分期施工土坝的分层和接头处有软弱带和透水层。⑤土坝内有较多生物洞穴等。

二、劈裂灌浆施工

劈裂灌浆属于纯压式灌浆,其工艺流程如图5-17所示。

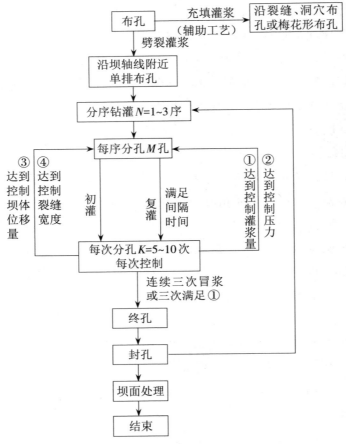

图5-17 劈裂灌浆工艺流程框图

劈裂灌浆施工的基本要求是土坝分段,区别对待;单排布孔,分序钻灌;孔底注浆,全孔灌注;综合控制,少灌多复。

(一)土坝分段,区别对待

土坝灌浆一般根据坝体质量、小主应力分布、裂缝及洞穴位置、地形等情况,将坝体区分为河槽段、岸坡段、曲线段及特殊坝段(裂缝集中、洞穴、塌陷和施工结合部位等),提出不同的要求,采用不同的灌浆方法施灌。

河槽段属平面应变状态,小主应力面是过坝轴线的铅直面,可采用较大孔距、较大压力进行劈裂灌浆。岸坡段由于坝底不规则,属于空间应力状态,坝轴线处的小主应力面可能是与坝轴线斜交或正交的铅直面,如灌浆导致贯穿上、下游的劈裂则是不利的,所以应压缩孔距,采用小于0.05兆帕的低压灌注,用较稠的浆液逐孔轮流慢速灌注,并在较大裂缝的两侧增加2~3排梅花形副孔,用充填法灌注。曲线坝段的小主应力面偏离坝轴线(切线方向),应沿坝轴线弧线加密钻孔,逐孔轮流灌注,单孔每次灌浆量应小于5立方米,控制孔口压力小于等于0.05兆帕,轮灌几次后,每孔都发生沿切线的小劈裂缝,裂缝互相连通后,灌浆量才可逐渐加大,直至灌完,形成与弯曲坝轴线一致的泥浆防渗帷幕。

(二)单排布孔,分序钻灌

单排布孔可以在坝体内纵向劈裂,构造防渗帷幕,工程集中,简便有效。

钻孔遵循分序加密的原则,一般分为三序。第一序孔的间距一般采用坝高的2/3左右,土坝高、质量差、粘性低时,可用较大的间距。当定向劈裂无把握时,可采用一序密孔,多次轮灌。

孔深应大于坝体隐患深度2~3米。如果坝体质量普遍较差,孔深可接近坝高,但坝基为透水性地层时,孔深不得超过坝高的2/3,以免劈裂贯通坝基,造成大量泥浆损失。孔径一般5~10厘米为宜,太细则阻力大,易堵塞。钻孔采用干钻或少量注水的湿钻,应保证不出现初始裂缝,影响沿坝轴线劈裂。[1]

(三)孔底注浆,全孔灌注

应将注浆管底下至离孔底0.5~1.0米处,不设阻浆塞,浆液从底口处压入坝体。泥浆劈裂作用自孔底开始,沿小主应力面向左右、上下发展。孔底注浆可以施加较大灌浆压力,使坝体内部劈裂,能把较多的泥浆压入坝体,更好地促进浆、坝互压,有利于提高坝体和浆脉的密度。孔底注浆控制适度,可以做到"内劈外不劈"。

浆液自管口涌出,在整个劈裂范围流动和充填,灌浆压力和注浆量虽大,但过程缓慢容易控制。全孔灌注是劈裂灌浆安全进行的重要保证。

(四)综合控制,少灌多复

如土坝坝体同时全线劈裂或劈裂过长,短时间内灌入大量泥浆,会使

[1]毛鹤琴. 土木工程施工[M]. 武汉:武汉理工大学出版社,2004.

坝肩位移和坝顶裂缝发展过快,坝体变形接近屈服,将危及坝体安全。灌浆施工中,应绝对避免上述情况出现。最好采用坝体内部分段分层劈裂法(即内劈外不劈),孔口压力即使达到数百千帕,坝肩位移与坝顶裂缝也很少。

要达到确保安全的目的,对灌浆必须进行综合控制;即对最大灌浆压力、每次灌浆量、坝肩水平位移量、坝顶裂缝宽度及复灌间隔时间等均应予以控制。非劈裂的灌浆控制压力应小于钻孔起裂压力,无资料时,该值可用0.6~0.7倍土柱重。

每孔每次平均灌浆量按下式计算:$V = \dfrac{W(1 + 1\frac{1}{R})}{\gamma n}$,$W = v_d \delta_c HL$。式中W为每孔需灌入总干土重,单位为牛顿;V为每孔每次平均灌浆量,单位为立方米;v_d为浆脉设计干容重,单位为牛顿/立方米;δ_c为浆脉设计平均宽度,单位为米;H为钻孔深度,单位为米;L为两序孔间距,单位为米;R为水土比中干土份数(以水为1计);γ为浆液容重,单位为牛顿/立方米;n为每孔灌浆次数。

第一序孔灌浆量应占总灌浆量的60%以上,所需灌浆次数多一些。第二、三序孔主要起均匀帷幕厚度的作用;因坝体质量不均,并且初灌时吃浆量大,以后吃浆渐少,故每次灌入量不能按平均值控制,一般最大为控制灌浆量的2倍。坝体灌浆将引起位移,对大坝稳定不利。一般坝肩的位移最明显,应控制在3厘米以内,以确保坝体安全。复灌多次后坝顶即将产生裂缝,长度应控制在一序孔间距内,宽度控制在3厘米内,以每次停灌后裂缝能回弹闭合为宜。

为安全起见,灌浆应安排在低水位时进行,库水位应低于主要隐患部位。无可见裂缝的中小型土坝,可以在浸润线以下灌浆。每次灌浆间隔时间,对于松堆土坝,浸润线以上干燥的坝体部分,不宜少于5天,浸润线以下的则不宜少于10天。

浆液的选择应根据灌浆要求,坝型、土料隐患性质和隐患大小等因素进行。

第六章 水利水电工程BIM技术

第一节 BIM及其应用

一、BIM的定义

BIM即建筑信息模型,是通过数字信息仿真模拟建筑物具备的真实信息,这里的信息不仅是三维几何形状信息,还包含了大量的非几何信息,如建筑构件的材料、重量、价格和进度等。

BIM概念是由美国乔治亚技术学院建筑与计算机专业的查克·伊斯曼于1975年前提出的:"建筑信息模型综合了所有的几何模型信息、功能要求和构件性能,将一个建筑项目整个生命周期内的所有信息整合到一个单独的建筑模型中,而且还包括施工进度、建造过程、维护管理等的过程信息。"20世纪80年代,芬兰学者提出了"Product Information Model"系统;1986年,美国学者Robert Aish提出了"Building Modeling"理念;2002年,Autodesk公司提出建筑信息模型是建筑设计的创新。

美国建筑科学研究院发布的美国国家BIM标准对BIM的定义为:BIM是一个设施(建设项目)物理和功能特性的数字表达;BIM是一个共享的知识资源,是一个分享有关这个设施的信息,为该设施从概念到拆除的全生命周期中的所有决策提供可靠依据的过程;在项目不同阶段,不同利益相关方通过在BIM中插入、提取、更新和修改信息,以支持和反应其各自职责的协调作业。

国际标准组织设施信息委员会对BIM的定义为:BIM是在开放的工业标准下对设施的物理和功能特性及其相关的项目全寿命周期信息的

可计算/可运算的形式表现,从而为决策提供支持,以更好地实现项目的价值。在其补充说明中强调,建筑工程信息模型将所有的相关方面集成在一个连贯有序的数据组织中,相关的电脑应用软件在被许可的情况下可以获取、修改或增加数据。

建设工程信息化——BLM理论与实践丛书中对于BIM的定义是:BIM以三维数字技术为基础,集成建筑工程项目各种相关信息的工程数据模型,对工程项目相关信息详尽的数字化表达。其结构是一个包含有数据模型和行为模型的复合结构。它除了包含与几何图形及数据有关的数据模型外,还包括与管理有关的行为模型,两者结合通过关联为数据赋予意义,因而可以模拟真实世界的行为。[①]

二、BIM的产生及国内外研究现状

(一)BIM的产生

任何技术的产生都来自于社会需求并为社会需求服务。恩格斯曾经说过这样一句话,"社会一旦有技术上的需要,则这种需要就会比十所大学更能把科学推向前进",作为正在快速发展并普及应用的BIM技术也不例外。

BIM的产生首先来自于市场的需求。当今社会,工程项目的复杂性不断增加,相应的建设系统越来越多,传统的二维或三维的手段已不能满足要求;产品质量和可持续绿色建筑的要求越来越高,相应的缺乏知识和技术手段的支持;工期和造价的控制越来越严格,而实际中频繁出现错漏碰缺和设计变更;全球化使建筑行业竞争加剧,而技术和管理水平却相对的滞后。

此外,建筑行业本身也面临非常大的挑战。在过去的几十年中,航空航天、汽车、电子产品等行业的生产效率通过使用新技术和新生产流程有了巨大提高。而建筑行业虽然取得巨大的成就,但与其他行业相比,它的效率却呈下降趋势。究其原因,首先,建筑行业参与方较多且各专业间没有统一的规范,项目设计过程和施工过程分离,导致责任不明确。

①孙国勇,刘浙. 工程可视化仿真技术应用和发展[J]. 计算机仿真,2006,23(1):175-179.

其次,项目参与方之间的信息传递是通过纸质介质的图纸完成,传递过程中,一方意见的修改无法快速更新到图纸中,从而造成信息的流失和不完整,并且以纸为传播媒介是信息传播不连续。再次,图纸是以二维图像信息来表明设计意图,无法完整直观地表示建筑物的全部信息,从而导致设计意图的表达不明确,理解过程中容易出现偏差和不准确。另外,建设工程由于具有参与方众多、规模大、施工难度大、技术复杂、工期长等特点,使得施工过程具有很大的风险,必须具备新技术以提高管理水平。

因此,市场的需求和建筑行业自身对于新技术和先进生产流程的需求促进了BIM技术的产生。

(二)BIM国内外研究现状

1.BIM在国外的研究现状。BIM技术起源于美国,逐步扩展到欧洲、日本、韩国等发达国家。目前,BIM技术在这些国家的研究和应用都达到了很高的水平。

(1)美国。在美国,各大设计事务所、施工单位和业主纷纷主动在项目中应用BIM。有数据统计表明,2009年,美国建筑业300强企业中80%以上都应用了BIM技术。同时政府和行业协会也出台了各种BIM标准。

2003年,美国总务管理局(GSA)提出了国家3D—4D—BIM计划,所有GSA的项目被鼓励采用BIM技术,并对采用这些技术的项目承包商根据应用程度的不同给予不同程度的资金赞助。自2007年起,GSA陆续发布系列BIM指南,用于规范和引导BIM在实际项目中的应用。

2006年,美国联邦机构美国陆军工程兵团制定了一份15年的BIM路线图,其指定的BIM十五年规划要实现的目标概要和时间节点如图6-1所示。

2007年,美国建筑科学研究院(NIBS)发布了美国国家BIM标准(NBIMS)。

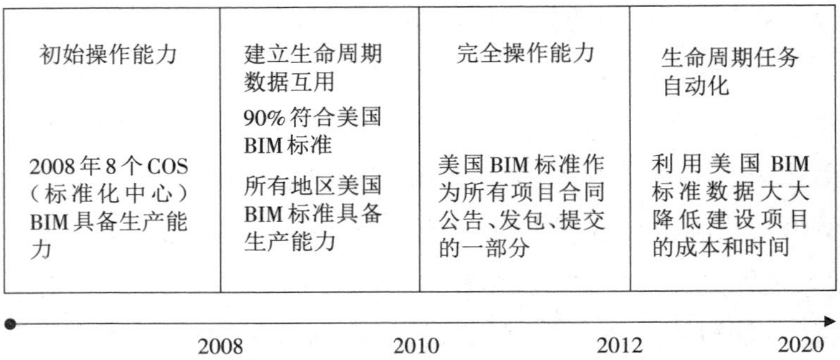

初始操作能力	建立生命周期数据互用	完全操作能力	生命周期任务自动化
2008年8个COS（标准化中心）BIM具备生产能力	90%符合美国BIM标准 所有地区美国BIM标准具备生产能力	美国BIM标准作为所有项目合同公告、发包、提交的一部分	利用美国BIM标准数据大大降低建设项目的成本和时间

2008　　　　　2010　　　　　2012　　　　　2020

图6-1　美国陆军工程兵团BIM十五年规划的目标概要和时间节点

（2）日本。BIM在日本全国范围内得到广泛应用并上升到政府推进的层面。日本的国土交通省负责全国各级政府投资工程，国土交通省的大臣官房（办公厅）下设官厅营缮部，主要负责组织政府投资工程建设、运营和造价管理等工作。2010年3月，国土交通省官厅营缮部宣布，将在其管辖的建筑项目中推进BIM技术，根据今后实行对象的设计业务来具体推进BIM的应用。

（3）韩国。韩国已有多家政府机关致力于BIM应用标准的制订，如韩国国土海洋部、韩国教育科学技术部、韩国公共采购服务中心等。其中，韩国公共采购服务中心下属的建设事业局制定了BIM实施指南和路线图。具体路线图为2010年1~2个大型施工BIM示范使用；2011年3~4个大型施工BIM示范使用；2012~2015年500亿韩元以上建筑项目全部采用4D（3D+成本）的设计管理系统；2016年实现全部公共设施项目使用BIM技术。韩国国土海洋部分别在建筑领域和土木领域制订BIM应用指南。其中，《建筑领域BIM应用指南》于2010年1月完成发布。该指南是建筑业业主、建筑师、设计师等采用BIM技术时必须的要素条件以及方法等的详细说明的文书。土木领域的BIM应用指南也已立项，暂定名为《土木领域3D设计指南》。

2.BIM在国内的研究现状。BIM已经在全球范围内得到广泛认可。自2002年建筑信息模型这一概念在中国被定义以来，BIM理念正逐步为建筑行业所熟知，其应用主要以设计公司为主，各类BIM咨询公司和培训机构也渐渐崭露头角。在一向是亚洲潮流风向标的香港地区，BIM技术已被广泛应用于各类房地产开发项目中，并于2009年成立香港BIM学会。

BIM的应用逐渐引发了建筑行业的信息化热潮。目前，国内已有很多较成功的BIM应用案例，例如，2008北京奥运会奥运村空间规划及物资管理信息系统；南水北调工程；天津国际邮轮码头；杭州奥体中心主体育场；2010年世博会中国馆、德国国家馆、奥地利馆、芬兰馆；国家电力馆；汶川地震纪念馆；上海通用企业馆等在设计、施工、运营阶段都曾使用BIM技术。

BIM技术的基础研究得到国家的大力支持，政府导向推动国内BIM技术的发展。BIM被国家列为"十五"科技攻关计划，进入"十一五"国家科技支撑计划重点项目，并且专门以"基于IFC国际标准的建筑工程应用软件研究"为课题进行深入研究，开发了基于IFC的结构设计和施工管理软件。另一项"十一五"科技支撑项目课题"基于BIM技术的下一代建筑工程应用软件研究"，将推出基于BIM技术的建筑设计、建筑成本预测、建筑节能设计、建筑施工优化、建筑工程安全分析以及建筑工程耐久性评估等一系列工程软件，大大地推进了BIM的应用进程。

三、BIM在水利工程中的应用

在南水北调工程中，长江勘测规划设计研究院（简称长江设计院）将建筑信息模型BIM的理念引入其承建的南水北调中线工程的勘察设计工作中，并且由于AutoCAD Civil 3D良好的标准化、一致性和协调性，最终确定该软件为最佳解决方案。利用Civil 3D快速的完成勘察测绘、土方开挖、场地规划和道路建设等的三维建模、设计和分析等工作，提高设计效率，简化设计流程。其三维可视化模型细节精确，使工程三维里立围观一目了然。基于BIM理念的解决方案帮助南水北调项目的工程师和施工人员，在真正的施工之前，以数字化的方式看到施工过程，甚至整个使用周期中的各个阶段。该解决方案在项目各参与方之间实现信息共享，从而有效避免了可能产生的设计与施工、结构与材料之间的矛盾，避免了人力、资本和资源等不必要的浪费。

中国水电顾问集团昆明勘测设计研究院在水电设计中也引入了BIM

的概念。在云南金沙江阿海水电站的设计过程中,其水工专业部分利用 Autodesk Revit Architecture 完成大坝及厂房的三维形体建模;利用 Autodesk Revit MEP 软件平台,机电专业(包括水力机械、通风、电气一次、电气二次、金属结构等)建立完备的机电设备三维族库,最终完成整个水电站的 BIM 设计工作。BIM 设计同时提供了多种高质量的施工设计产品,如工程施工图,PDF 三维模型等。最后利用 Autodesk Navisworks 软件平台制作漫游视频文件。

第二节 基于 BIM 的水利工程可视化仿真系统

一、可视化仿真系统的软件平台——Autodesk Navisworks

(一)Navisworks 软件简介

NavisWorks 是一款 3D/4D 协助设计检视软件,主要针对建筑、工厂和航运业中的项目全生命周期,能提高质量,提高生产力。Navisworks 解决方案支持所有项目相关方可靠地整合、分享和审阅详细的三维设计模型,帮助用户获得建筑信息模型(BIM)工作流带来的竞争优势,在建筑信息模型(BIM)工作流中处于核心地位。该软件将 AutoCAD 和 Revit 系列等软件应用创建的设计数据,与来自其他设计工具的几何图形和信息相结合,将其作为整体的三维模型,通过多种文件格式进行实时审阅,而无需考虑文件的大小。Navisworks 软件产品帮助所有项目相关方将项目作为一个整体来看,进而优化从设计决策、建筑实施、性能预测和规划直至设施管理和运营等各个环节。

Autodesk Navisworks 软件系列包含三种产品——Autodesk Navisworks Manage、Autodesk Navisworks Simulate,Autodesk Navisworks Freedom 软件。Autodesk Navisworks Manage 软件是设计和施工管理专业人员使用的一款完备的审阅解决方案,帮助用户对项目信息进行审阅、分析、仿真和协调。多领域涉及数据能够整合进单一集成的项目模型,便于用户进行精确的碰撞检测和冲突管理,同时将动态的四维项目进度仿真和照片级可视化功能相结合。Autodesk Navisworks Simulate 软件具有诸多先进工具,能够帮助用户对项目信息进行审阅、分析、仿真和协调;完备的4D仿真、动画和照片级效果制作功能支持用户对设计意图进行演示,对施工流程进行仿真。同 Autodesk Navisworks Manage 相比,simulate 软件没有碰撞检测和冲突管理的功能。Autodesk Navisworks Freedom 软件是一款面向NWD和三维DWF文件的免费浏览器,使用该软件可以使所有项目相关方都能够查看整体项目视图,从而提高沟通和协作效率。

(二)Navisworks 软件的功能特点

1.三维模型整合。

(1)强大的文件格式兼容性。Navisworks 软件支持目前市面上几乎所有的主流的三维设计软件模型文件格式。需要注意的是,虽然 Navisworks 支持众多的数据格式,但是软件本身不具有建模功能。

(2)模型合并。Naviswroks 可以把各个专业的不同格式的模型文件,根据其绝对坐标合并或者附加,最终整合为一个完整的模型文件。对于多页文件,也可以将内部项目源中的几何图形和数据(即项目浏览器中列出的二维图纸或三维模型)合并到当前打开的图纸或模型中。在打开或者附加任何原生CAD文件时,会生成与原文件同名的NWC格式的缓存文件,该文件具有压缩文件大小的功能。

(3)特有的NWF文件格式。将整合的模型文件保存为NWF格式的文件,该类型文件不包含任何的模型几何图形,只包含指针,可用于返回到打开并在 Navisworks 中对模型进行任何操作时附加的原始文件。随后打开NWF时将会重新打开每个文件,并且检查自上次转换以来是否已修改CAD文件。如果已修改CAD文件,则将重新读取并重新缓存此文件。如果尚未修改CAD文件,则将使用缓存文件,从而加快载入进程。

2.三维模型的实时漫游及审阅。目前,大量的3D软件实现的是路径漫游,而无法实现实时漫游。Navisworks 软件可以利用先进的导航工具(漫游、环视、缩放、平移、动态观察、飞行等)生成逼真的项目视图,轻松的对一个超大模型进行平滑的漫游,实时地分析集成的项目模型,为三维校审提供了最佳的支持。

该软件平台还提供了剖分、标记和注释的功能。使用剖分功能在三维空间中创建模型的横截面，从而可以查看模型的内部或者某视点的细部图。使用标记或者注释的功能，可以将注释添加到视点、视点动画、选择集和搜索集、碰撞结果以及"TimeLiner"任务中，将模型审阅过程中发现的问题标记出来，以供设计人员讨论或修改。

3.创建真实照片级视觉效果。Navisworks提供Presenter插件来渲染模型，从而创建真实的照片集的视觉效果。Presenter包含了上千种的真实世界中的材质为模型渲染，也提供各式各样的背景效果图，工程的真实的背景环境，同时还允许在模型上添加纹理。Presenter也提供一个由现实世界中的各种光源组成的光源库，用户可以将合适的光源应用在场景中，增强三维场景的真实感。

4.4D模拟和动画。4D模拟功能通过将三维模型的几何图形与时间和日期相关联，在4D环境中对施工进度和施工过程进行仿真，使用户可以以可视化的方式交流和分析项目活动。Navisworks允许制定计划和实际时间，通过四维模拟形象直观地显示计划进度与实际项目进度之间的偏差。同一三维模型还可以连接多个施工进度，通过4D展示对不同的施工方案进行直接地查看比较，从而选择较适合的施工方案。

利用该软件的动画功能可以创建动画供碰撞和冲突检测用。还可以通过脚本将动画链接到特定事件或4D模拟的任务，进而优化施工规划流程。例如，利用动画与4D动态模拟的结合，可以展示施工现场车辆或者施工机械的工作情况，也可以演示工厂中机械组件/机器或生产线的情况。

5.碰撞校审。工程项目各参与方之间分工清晰，而合作模糊。各专业的设计成果看起来很完美，然而整合之后会有很多碰撞和冲突之处。Autodesk Navisworks Manage软件的碰撞和冲突检测功能允许用户对特定的几何图形进行冲突检测，并可将冲突检测结果与4D模拟和动画相关联，以此分析空间中的碰撞和时间上冲突问题，减少成本高昂的延误和返工。

6.数据库链接。Navisworks提供链接外部数据库的功能,在场景中的对象与数据库表中的字段之间创建链接,从而把空间实体图形与其属性一一对应。在获得相关物体的逼真全貌外,还能轻松地通过数据检索获得相应的属性信息。

7.模型发布。Navisworks特有的NWD格式的文件包含项目所有的几何图形、链接的数据库以及在Navisworks中对模型执行的所有操作,是一个完整的数据集。NWD是一种高度压缩的文件,并可以通过密码保护功能确保其安全及完整性,并且可以用一个免费的浏览软件进行查看。[①]

二、以Navisworks为核心的可视化实现框架

(一)Navisworks中可视化信息的数据结构形式

1.Navisworks中三维模型对象。由于Navisworks软件支持几乎所有的三维设计软件(如常用的AutoCAD、3D Max、Civil 3D等)所生成的模型文件格式,因此Navisworks可以打开并浏览设计人员绘制的模型文件(包括其中的点、线、面、实体、块等对象),同时在原路径下保存为Navisworks所特有的与源文件同名的NWC格式的缓存文件,其中的CAD对象属性不变。

2.Navisworks链接的施工进度数据。进行工程施工过程的四维模拟时,需要链接施工进度数据。Navisworks支持多种进度安排软件,如Primavera Project Management 4～6、Microsoft Project MPX、Primavera P6(Web服务)、Primavera P6 V7(Web服务)及CSV文件(Excel的一种文件存储格式)。此外,Navisworks支持多个使用COM接口的外部进度源,可以根据需要开发对新进度软件的支持,如Microsoft Project 2003、Microsoft Project 2007,Asta Power Project 8～10等进度软件。

3.Navisworks中模型的属性数据。Navisworks软件利用外部数据库存储模型的属性数据。Navisworks支持具有合适ODBC驱动程序的任何数据库,如*.dbf、*.mdb、*.accdb数据库,但是,模型中对象的特性必须包含数据库中数据的唯一标示符,才能完成工程的三维模型与其属性信息的一一对应。例如,对于基于AutoCAD的文件,可以使用实体句柄。

---

①何关培.BIM总论[M].北京:建筑工业出版社,2011.

（二）Navisworks 中信息的可视化组织形式

水利水电工程施工系统可视化仿真不仅涉及施工场地（地形）、环境、建筑物布置等具有地理位置特征的静态空间信息，而且还必须反映地形动态填挖、建筑物施工等大量的动态空间逻辑关系和统计信息。Navisworks 特有的时间进度数据的导入及外部数据库链接的功能，为反映工程施工过程可视化仿真所展示的具有时间、空间特性的数据信息提供了条件。它将三维数字模型与其特性信息通过唯一的标示符连接起来，并且将三维模型与其时间参数按照一定的规则链接，使得组成三维数字模型的每一个图形单元与该单元的时间参数及属性建立一一对应关系，从而为可视化仿真系统数字模型的建立及仿真信息的直观表达提供了条件。

三、Navisworks 环境下的大坝仿真

（一）GIS 环境下的仿真

在我国，将计算机仿真技术应用于混凝土坝浇筑模拟已有二十余年历史。目前，混凝土坝施工仿真的实现过程一般为：从各坝段剖面等二维图形中提取端点或拐点等控制点的参数坐标，通过程序生成虚拟三维模型；考虑混凝土坝浇筑过程中的时间、高差等约束条件，结合仿真原理编写程序来进行施工过程的模拟计算；根据仿真结果对混凝土坝的三维实体模型分层分块，最后按照浇筑顺序演示。

大坝施工过程的可视化一般以 GIS 为平台。由于 GIS 本身识别模型格式的限制以及模型建立的复杂性，其实现方式一般如下：第一，从仿真模拟计算中获得大坝实体各浇筑块的形体参数和位置参数，并按照一定的顺序写入数据库；第二，在 GIS 系统下二次开发得到一个图形绘制模块，从而读取数据库中的数据并绘制大坝浇筑块，将各个浇筑块的形体数据和属性数据写入数据库中；第三，在 GIS 系统下二次开发动态模拟模块，演示大坝施工过程。

在整个过程中，混凝土坝仿真模型的构建需要获取大量的数据（如大量控制点的坐标信息），该工作非常复杂繁琐，而且对于大坝细部构造的描述不精确；在可视化实现过程中，大坝各浇筑块的参数的整理过程非

常麻烦,而根据不精确的仿真模型的形体参数生成的可视化模型亦不精确。

(二)Navisworks 环境下的仿真

仿真过程所使用的仿真模型是借助 AutoCAD 软件绘制的大坝三维实体模型。该模型与大坝原型一致,大大简化了数据采集过程,保证了仿真计算的精度,提高了仿真计算的效率。仿真计算过程与 AutoCAD 二次开发技术相结合。仿真计算的过程即是大坝浇筑块生成的过程。随着浇筑信息的产生,程序对三维实体模型自动剖分生成浇筑块,并将浇筑信息自动赋予浇筑块。最终,仿真计算得到的浇筑信息以数据库的形式输出,而已分块的仿真模型则以 CAD 文件的形式存储。

Navisworks 中大坝浇筑过程的可视化即依据 Navisworks 中信息的可视化组织形式实现。将大坝模型导入 Navisworks 中,大坝的每个浇筑块的属性不变。将浇筑信息通过唯一标示符"实体句柄"与实体模型建立一一对应关系,从而浇筑块具有时间属性,可实现施工过程的四维模拟;浇筑块所具有的其他属性(如方量)用于可视化系统中仿真结果的查询。

四、基于BIM的可视化仿真系统的开发

(一)Navisowrks 的开发方式

1.基于 COM 的开发。COM 是一种以组件为发布单元的对象模型,COM组件是遵循COM规范编写、以 Win32 动态链接库(DLL)或可执行文件(EXE)形式发布的可执行二进制代码,能够满足对组件架构的所有需求。如同结构化编程及面向对象编程一样,COM 也是一种编程方法,软件开发技术。

COM技术本身也是基于面向对象编程思想的。在 COM 规范中,对象和接口是其核心部分。对于COM来讲,接口是包含了一组函数的数据结构,通过这组数据结构,客户程序可以调用组件对象的功能。COM 对象被精确的封装起来,一般用动态数据库(DLL)来实现,接口是访问对象的唯一途径。

对于 Navisworks 来讲,2010 版本之前的软件使用基于 COM 的开发方

式。COM 接口相对简单,能够用多种编程语言编写代码,例如 C,C++,Visual Basic,Visual Basic Script(VBS),JAVA,Delphi,编写的组件之间是相互独立的,修改时并不影响其他组件。

COM API 支持大部分和 Navisworks 产品等价的功能,如操作文档(新建、打开、保存、关闭等)、切换漫游模式、运行动画、设置视点、制作选择集等基本功能。除此以外,可以实现以下几个功能:第一,将模型对象与外部 Excel 电子表格及 Access 数据库链接,从而可以在软件窗口的对象特性区域显示对象的特性;第二,将模型进度与 Microsoft Project 链接,设置项目的时间进度来覆盖原进度;第三,扫描冲突检测结果并且将其存入html 格式的文件中,包括某些可观测模型冲突的视点的图像;第四,集成Navisworks 中的 ActiveX 控件的应用,扫描视窗中的对象模型,筛选查询对象信息。

2. 基于 .NET 的开发。Microsofi.NET 以 .NET 框架为开发框架。.NET框架是创建、部署和运行 Web 服务及其他应用程序的环境,实现了语言开发、代码编译、组件配置、程序运行、对象交互等不同层面的功能。NET Framework 支持的开发语言有 Visual C#.NET、Visual Basie.NET、C++托管扩展及 Visual J#.NET。

.NET 框架的主要组成部分是 Common Language Runtime(CLR,通用语言运行时)以及公用层次类库。

在 2011 版本之后,Navisworks 软件支持 .NET API 开发。.NET API 遵循 Microsoft.NET 框架准则,并在现实应用中逐渐替换 COM API,成为Navisworks 主要的开发工具。对于 Navisworks 来说,使用 .NET API 有很多优势,例如,为 Navisworks 模型的程序访问方式开辟了更多的编程环境;大大简化了 Navisworks 与其他 Windows 应用程序(如 Microsoft Excel、Word等)的集成;.NET Framework 同时允许在 32 位和 64 位操作系统使用;允许使用低级的编程环境来访问较高级的编程接口,如使用 VS 2008 编写的插件同样可以在 VS.NET 2003 环境下使用。

NET API 可以调用 COM API。虽然 .NET API 较 COM API 有诸多优势,但 NET API 仍属于探索发展时期,有些功能仍无法实现。开发者应查看COMAPI是否可以实现该功能,通过COM API实现该功能后,用.NET API调用。

Navisworks软件还提供了一种独特的开发方式——NWCreate开发。NWCreate API可以通过stdcall C或C++接口访问。C++为首选语言,但是用户也可以使用支持stdcall接口的任何语言,其中包括Visual Basic和C#(借助P/Invoke)。

NWCreate可实现的功能主要有以下几点:一是创建自定义的场景和模型;二是加载自定义的文件格式,即对于专有的三维文件格式或Navisworks当前不支持的其他任何格式,用户可以使用NWCreate编写用于Navisworks的专有文件阅读器,或者创建在其使用的软件中运行的文件导出器。

(二)API组件

Navisworks API提供的用于访问Navisworks的组件主要有以下三种。

1.插件。即用户使用编程语言制作一个插件,然后存储在Navisworks软件的安装包下,使其成为软件的一部分。API中插件的性能很强大,功能很丰富。新增的插件扩展了Navisworks自身的功能,帮助用户充分利用软件中交互式的三维设计来访问模型,查询模型信息。这类组件的主要功能是添加自定义的导出器、工具、特性等。

2.自动化程序。帮助用户自如的使用Navisworks中常用的功能,实现软件的自动化。其主要功能有打开和保存模型、查看动画、应用材质及进行冲突检测等。

3.基于控件的应用程序ActiveX。ActiveX组件允许将Navisworks的三维功能嵌入用户自己的应用程序或网页中,从而可以设计出自己的项目管理平台,享用强大的三位演示和交互功能。

第三节 水利水电工程建筑物三维可视化建模技术

一、三维模型的构造方法与建模技术

(一)三维模型的构造方法

1.规则物体三维模型的构造方法。对于几何形体较规则的建筑(如开挖/填筑曲面、大坝等),三维模型的构造方法可以用描述形体特征的面(三维面或面域)表示法和实体几何表示法。构造建筑的实体模型,一般可通过几何布尔运算(差集、并集、交集等)和基本变形操作(如切割,平移、旋转等)。

2.不规则物体三维模型的构造方法。对于几何形体不规则的物体(如施工场地的地形),一般采用曲面建模方法。曲面一般由一系列网格组合而成,即把曲面分解成许多四边形网格或三角网格,采用平面逼近曲面的方法。通常,网格数目越多,逼近曲面的精度就越高。

(二)三维模型的建模技术

1.CAD实体建模技术。CAD实体建模的全过程是利用CAD软件系统来实现,通过操控鼠标在计算机屏幕上的软件工作空间中直接绘制模型实体,或者利用模型库中已有的基本形体的元件通过实体的编辑修改操作(如布尔运算、基本变形操作等)组合成实体空间几何模型。

2.参数化实体建模技术。参数化实体建模技术是一种通过相关几何关系组合一系列用参数控制的特征部件而构造整个几何结构模型的技术。整个建模过程被描述成一组特征部件的组装过程,而每个部件都由一些关键的参数来定义。参数化实体建模与上述CAD实体建模的不同之处就在于,前者注重实体几何模型的完全参数化,用户与模型的交互只能通过修改参数实现;后者则侧重于实体建模过程的用户参与,用户操作CAD软件系统,从而控制实体的位置、结构、形体等。这种方法大大简化了可视化平台的建模过程。适用于围堰、溢洪道等的实体建模。

3.特征建模技术。特征建模技术是基于一系列预定义特征的技术，其基础是已经完成加工的特征。特征建模技术的步骤一般可归结为以下几点：第一，定义模型几何特征信息，如结构形体特征、位置约束、几何尺寸、精度等；第二，搜索已有的几何数据库，将模型的几何特征与预定义的特征相比较，从而确定所需特征的具体类型及相关信息；第三，将确定的特征参数按照其位置约束进行组合，从而完成物体的可视化实体建模。这种方法一般适合洞室类建筑物的建模，如导流洞、泄洪洞、引水洞等。[①]

二、数字地形模型的创建

（一）数字地形模型的种类及数据源的处理

数字地形模型是对原始地形特征的一种数字表达，是整个水利水电工程施工三维数字模型的重要组成部分。它是所有工程建筑物布置及施工活动的场所。

对于地形表面的描述方式，目前采用的比较多是规则栅格模型（Grid）和不规则三角网模型（TIN）。栅格模型Grid是用一组大小相同的栅格来描述地形表面，其存储量小且数据结构较简单，但其算法实现比较复杂，适用于地形较为平坦地区的地面模型的建立。TIN模型是由分散的地形点按照一定的规则构成的一系列不相交的三角网格，它可以清晰明确地描述地形高低起伏的变化，适用于地形比较复杂的山区地面模型的建立。水利水电工程一般都建在地形起伏较大的高原和山区，因此，采用TIN模型来描述地表DTM较为适宜。

要建立地表DTM，先要通过地质勘测获得施工场地的地形等高线数据，然后转化成常用文件格式，如AutoCAD中的".dwg"格式的文件，并且确保每条等高线都有高程属性。生成曲面时，密集的等高线高程点并不能保证曲面更精确，反而消耗更多的资源，从而影响速度；等高线高程点过少，或者有明显过高或过低的高程点，会造成地形高程出现明显错误。因此，为了提高系统运行的速度，确保生成的地形准确，必须对生成DTM

①黄敏清.大型水利水电工程建筑物三维可视化建模技术研究[J].中国水运，2016（3）：72-73.

的地形等高线预先处理,消除由于等高线过于密集、信息缺乏或者信息错误所造成的三角网格构造异常。按照施工场地的使用情况,将等高线的高程间隔设为不同值。对于主要施工场地,一般间隔1~5米,特别是整个河床部分,由于关系到工程主要建筑物与地形的匹配情况,可取1米间隔;而远离主要是工程地的偏远区域,一般等高线间隔设为20~25米;地形的其他区域,如渣料场、临时建筑物或附属性建筑物所在地,等高线间隔可设为10米。

(二)数字地形模型的建立

为了便于可视化软件 Navisworks 对地形模型的导入,数字地形 DTM 的建立采用 Autodesk Civil 3D 软件。Autodesk Civil 3D 不仅具备了 Auto-CAD 的所有功能,也包含了 Autodesk Map 3D 软件的强大的地理空间功能。三维数字地形模型的建立是该软件最有价值的功能之一。

在 Civil 3D 中,三维数字地形模型被称为"曲面"。创建一个新的曲面,首先,在工具空间的"快捷方式浏览"面板上展开要添加的曲面,在"曲面"节点单击右键选择"新建",在弹出的对话框中键入曲面的名称和描述。其次,为新建的曲面添加数据,在图形区域中,选择用来建立地形的所有等高线对象。最后,在浏览选项板上点击展开曲面,在"定义"下的"等高线"节点上单击右键,选择"添加"选项,然后点击"确定"即可。

地形动态填挖是水利水电工程施工中必不可少的环节。施工过程中不仅要考虑地形开挖,如基坑开挖、料场开挖、导(泄)流进出口段的土石明挖等,还要对局部进行地形填筑,如施工平台、渣场平台等地。仅有一个精确的原始地形曲面,对于实际施工过程的演示是远远不够的。地形是工程所有建筑物布置及施工活动的受体,因此,地形动态填挖实际是对地形 TIN 模型的修改。

具体方法如下:首先,确定开挖(填筑)的设计曲面,一般由开挖边坡和大坝或渣料场等实体的底面组成。其次,通过放坡将该设计曲面延伸至原始地形曲面,从而获得开挖(填筑)设计曲面与原始地形曲面的交线。最后,从原始地形曲面 TIN 模型上沿相交线切去填挖设计曲面所包含的区域,同时从填挖曲面上沿相交线切除多余的开挖(填筑)边坡,最后实现填挖设计曲面与原始地形的完美融合,形成一个经填筑开挖后新的地形曲面。

三、地物实体建模

(一)混凝土坝建模

对于混凝土坝三维实体的可视化建模,采用CAD实体建模技术。首先按照二维设计图纸,将坝体分成若干既相互独立又相互联系的坝段,并且确定坝体各部分的空间形体信息,如非溢流坝段、冲沙底孔坝段、厂房坝段、导流底孔坝段、导流明渠坝段、岸边溢流坝段等的几何尺寸和空间位置等方面的数据。混凝土坝的各个坝段的形状是不规则的,因此,对不规则的部分应进行细分,从而划分出尽可能多的规则形状,如长方体、棱柱体、圆柱体等,再利用CAD软件直接绘制该部分的三维实体模型。对于不能继续划分的不规则的基本组成单元,可以通过对形状规则的基本图元进行多次编辑修改操作(如布尔运算交、并、补等)得到。对于形状相同或者相似的部分,可通过多次使用复制、旋转、缩放、切割等操作获得,从而大大提高了建模速度及准确性。最后将完成的基本部件按照其空间结构层次关系组合起来,形成完整的大坝模型,并将模型附加到Navisworks可视化软件中,添加材质渲染。

(二)土石坝建模

对于土石坝,也采用CAD实体建模技术,运用Rhino软件绘制实体模型。首先应根据其填筑材料、各部分结构形式及功能的不同对坝体进行分区。其次借助Rhino建模软件的三维实体建模功能,利用patch(生成曲面)、Extend(延伸线或者面)、lofi(放样)、布尔运算等命令,绘制出土石坝各分区的实体模型,组合起来形成整个大坝模型。为了满足可视化仿真系统中土石坝施工的动态演示功能,每个分区应根据填筑料的供给及施工进度计划的要求划分若干填筑层。最终得到可视化仿真系统中土石坝模型。附加到Navisworks中,添加材质渲染之后,得到最终效果。

参考文献

References ●——————————————

[1]包广昌.水利水电工程施工中隧洞钻孔爆破技术研究[J].建筑技术开发,2017,44(17):80-81.

[2]卜贵贤.水利工程管理[M].北京:中国水利水电出版社,2016.

[3]曾彦.混凝土施工新手入门[M].北京:中国电力出版社,2013.

[4]樊期祥,段亚辉.水工隧洞衬砌混凝土温控防裂技术创新与实践[M].北京:中国水利水电出版社,2015.

[5]何关培.BIM总论[M].北京:建筑工业出版社,2011.

[6]黄敏清.大型水利水电工程建筑物三维可视化建模技术研究[J].中国水运,2016(3):72-73.

[7]黄亚梅,张军.水利工程施工技术[M].北京:中国水利水电出版社,2014.

[8]姜卫杰,边广生.现代混凝土结构工程施工新技术[M].徐州:中国矿业大学出版社,2013.

[9]李燕.施工导流和围堰技术在水利水电施工中的应用[J].现代物业(中旬刊),2018(8):233.

[10]李永芳. 全断面岩石隧洞掘进机在特殊地质洞段的施工[J]. 水利水电工程设计, 2012, 31(3):19-21.

[11]梁振淼. 渡槽施工中缆索吊装技术应用研究[J]. 水资源开发与管理, 2016(5):60-66.

[12]廖代广. 土木工程施工技术[M]. 武汉:武汉理工大学出版社, 2004.

[13]林平宏. 浅谈我国水利水电工程的发展新思路[J]. 科学之友, 2010(18):58-59.

[14]刘道南. 水工混凝土施工[M]. 北京:中国水利水电出版社, 2010.

[15]刘康. 土压平衡盾构掘进施工技术[J]. 水利水电施工, 2017(1):84-87.

[16]毛鹤琴. 土木工程施工[M]. 武汉:武汉理工大学出版社, 2004.

[17]宁仁歧. 建筑施工技术[M]. 北京:高等教育出版社, 2004.

[18]潘家铮, 何璟. 中国大坝50年[M]. 北京:中国水利水电出版社, 2000.

[19]司兆乐. 水利水电枢纽施工技术[M]. 北京:中国水利水电出版社, 2002.

[20]宋功业, 鲁平. 现代混凝土施工技术[M]. 北京:中国电力出版社, 2010.

[21]孙超. 浅析砂卵石地基帷幕灌浆施工[J]. 水利建设与管理, 2017, 37(4):13-15.

[22]孙国勇,刘淅.工程可视化仿真技术应用和发展[J].计算机仿真,2006,23(1):176-179.

[23]孙文怀.水利水电工程地质[M].北京:中央广播电视大学出版社,2007.

[24]王明林.爆破安全[M].北京:冶金工业出版社,2015.

[25]王明森.高压喷射灌浆防渗加固技术[M].北京:中国水利水电出版社,2010.

[26]王世夏.水工设计的理论和方法[M].北京:中国水利电力出版社,2000.

[27]王文川.水利水电规划[M].北京:水利水电出版社,2013.

[28]韦庆辉.水利水电工程施工技术[M].北京:中国水利水电出版社,2014.

[29]魏松,王慧.水利水电工程导论[M].北京:中国水利水电出版社,2012.

[30]吴安良.水利工程施工[M].北京:中国水利水电出版社,2001.

[31]肖同娟,具龙.谈水利工程混凝土施工质量控制与缺陷的防治[J].黑龙江科技信息,2012(9):212.

[32]徐颖,孟益平,吴德义.爆破工程[M].武汉:武汉大学出版社,2014.

[33]颜宏亮.水利工程施工[M].西安:西安交通大学出版社,2015.

[34]杨晨熙.水利工程岩基灌浆施工技术研究[J].科技风,2018(16):171.

[35]应惠清. 土木工程施工技术[M]. 上海：同济大学出版社, 2006.

[36]张晋. 基于新奥法施工隧道的应力分析特点[J]. 建筑安全, 2018, 33 (10)：25-27.

[37]张京. 水利水电施工工程师手册[M]. 北京：中科多媒体电子出版社, 2003.

[38]张正宇. 水利水电工程精细爆破概论[M]. 北京：中国水利水电出版社, 2009.

[39]张正宇. 现代水利水电工程爆破[M]. 北京：中国水利水电出版社, 2003.

[40]郑霞忠, 朱忠荣. 水利水电工程质量管理与控制[M]. 北京：中国电力出版社, 2011.

[41]钟登华, 刘东海. 大型地下洞室群施工系统仿真理论方法与应用[M]. 北京：中国水利水电出版社, 2003.

[42]朱铁铮. 20世纪中国河流水电规划[M]. 北京：中国电力出版社, 2002.

[43]祖青山. 建筑施工技术[M]. 北京：中国环境科学出版社, 2003.

后 记

afterword

　　水利水电工程施工技术的创新与发展是推动我国社会经济发展、现代化建设的关键内容之一，因此，本书基于培养我国水利水电工程高级技术人才、推动我国水利水电工程施工技术不断发展的目的而编写。

　　本书的内容主要包括三个方面：一是水资源与水能资源、水文学及水力学、水利事业、水利水电规划、工程地质、我国水利水电建设发展、水利水电枢纽方面的概述；二是对水利水电工程中的具体施工技术及施工中的安全知识的论述；三是对BIM技术在水利水电工程中的应用以及发展的探讨。

　　参与本书编写的，是水利水电工程、建筑工程、水里工程方面的专家，他们具有丰富的工作经验和实践经验，这就保证了本书内容的准确性和专业性。在编写过程中，我们做出了以下几个方面的工作。

　　首先，确定研究方向和大纲的内容。为此，我们对选题进行了多次探讨、研究和分析，并调查了国家对技术人才的培养要求以及他们所需要的知识技能，从而保证本书的研究内容适应于培养技术人才的需要，使他们能够通过学习本书的知识，切实提高自己的专业能力。

　　其次，在编写过程中，结合国内外专家学者的研究以及编者切身的工作经历，分析了相关施工技术的可行性。同时考虑到水利水电工程施工技术、信息技术、管理技术的不断发展和成熟，对其技术的创新进行了探讨。此外，在工程施工安全方面，我们还结合具体的实例，分析了施工过程中可能存在的危险,提出规避危险的方法和措施。

最后,对书稿内容进行整合。即对书稿中逻辑不通顺、上下文衔接不畅的内容进行修改,使全书具有连贯性。

本书在成稿的过程中,克服了许多困难,对过去施工技术中的不足之处进行了修正和创新,希望能够培养出更多水利水电工程专业的技术人才,从而推动我国水利水电工程施工技术更好更快地发展。

感谢淄博黄河河务局供水局刘春家闸管所李震老师、苍南县农村工作办公室蔡雄老师、淄博黄河河务局高青黄河河务局张元培老师、汉江水利水电(集团)有限责任公司穆青青老师、南水北调中线建设管理局河南分局崔金良老师、黄河勘测规划设计有限公司岩土工程事业部工程公司赵双要老师、河南省商丘市梁园区水资源管理办公室任志光老师、山东德州黄河河务局董国明老师、湖南万瑞建设工程有限公司胡艳琼老师和湖南炜达水利水电开发有限公司蒋立新老师对本书进行了细致审阅与指导,在此一并致谢。